酒水知识与服务技能

主　编：吴浩宏
副主编：李伟慰　苏敏琦

北京·旅游教育出版社

责任编辑：巨瑛梅

图书在版编目（CIP）数据

酒水知识与服务技能 / 吴浩宏主编. -- 北京 ： 旅游教育出版社，2018.1（2024.1重印）

新编全国旅游中等职业教育系列教材

ISBN 978-7-5637-3675-1

Ⅰ. ①酒… Ⅱ. ①吴… Ⅲ. ①酒—中等专业学校—教材②饮料—中等专业学校—教材③酒吧—商业服务—中等专业学校—教材 Ⅳ. ①TS262②F719.3

中国版本图书馆CIP数据核字(2017)第303467号

新编全国旅游中等职业教育系列教材

酒水知识与服务技能

吴浩宏　主编

李伟慰　苏敏琦　副主编

出版单位	旅游教育出版社
地　　址	北京市朝阳区定福庄南里 1 号
邮　　编	100024
发行电话	（010）65778403　65728372　65767462（传真）
本社网址	www.tepcb.com
E - mail	tepfx@163.com
排版单位	北京旅教文化传播有限公司
印刷单位	北京虎彩文化传播有限公司
经销单位	新华书店
开　　本	710毫米×1000毫米　1/16
印　　张	13.375
字　　数	202 千字
版　　次	2018 年 1 月第 1 版
印　　次	2024 年 1 月第 4 次印刷
定　　价	28.00 元

（图书如有装订差错请与发行部联系）

国家示范性职业学校数字化资源共建共享计划
“酒店服务与管理专业”课题组成果转化系列教材

出版说明

结合《现代职业教育体系建设规划(2014—2020年)》的指导意见和《教育部关于"十二五"职业教育教材建设的若干意见》的要求,我社组织旅游职业院校专家和老师编写了"新编全国旅游中等职业教育系列教材"。这是一套体现最新精神的、具有普遍适用性的中职旅游专业规划教材。

该系列教材具有如下特点:

(1)编写宗旨:构建了以项目为导向、以工作任务为载体、以职业生涯发展路线为整体脉络的课程体系,重点培养学生的职业能力,使学生获得继续学习的能力,能够考取相关技术等级证书或职业资格证书,为旅游业的繁荣和发展输送学以致用、爱岗敬业、脚踏实地的高素质从业者。

(2)体例安排:严格按教育部公布的《中等职教学校专业教学标准(试行)》中相关专业的教学要求,结合中等职业教育规范以及中职学生的认知能力设计体例与结构框架,组织具有丰富教学经验和实际工作经验的专家,按项目教学、任务教学、案例教学等方式设计框架、编写教材。

(3)内容组织:根据各门课程的特点和需要,除了有正文的系统讲解,还设有案例分析、知识拓展、课后练习等延伸内容,便于学生开阔视野,提升实践能力。

旅游教育出版社一直以"服务旅游业,推动旅游教育事业的发展"为宗旨,与全国旅游教育专家共同开发了各层次旅游及相关专业教材,得到广大旅游院校的好评。在将这套精心打造的教材奉献给广大读者之际,深切地希望广大教师学生能一如既往地支持我们,及时反馈宝贵意见和建议。

旅游教育出版社

序

为深入贯彻落实《国家中长期教育改革和发展规划纲要(2010—2020年)》关于“加快教育信息化进程”的战略部署,按照职业教育改革创新行动计划和《教育部、人力资源和社会保障部、财政部关于实施国家中等职业教育改革发展示范学校建设计划的意见》(教职成〔2010〕9号)要求,加快推进职业教育数字校园建设。2011年11月,教育部职业教育与成人教育司下发〔2011〕202号文件——《关于实施国家示范性职业学校数字化资源共建共享计划的通知》,确定以国家示范性职业学校为引领,实施“国家示范性职业学校数字化资源共建共享计划”,促进优质资源共享,提升信息技术支撑职业教育改革创新的能力,着力提高人才培养质量。

2012年1月和2014年3月,重庆市旅游学校通过遴选被教育部确定为酒店服务与管理专业数字资源第一、第二期共建共享项目课题组、协作组组长单位。在两期项目建设过程中,重庆市旅游学校协同广东省旅游职业技术学校、广州市旅游商务职业学校、浙江长兴县职业技术教育中心学校、四川宜宾市职业技术学校、四川什邡市职业中专学校、成都市财贸职业高级中学、沈阳外事服务学校、江西省商务学校和海南三亚高级技工学校等项目副组长学校带领全国25所示范中职学校的98名骨干教师开展本项目的第一、第二期建设。

为确保项目建设质量,课题组确定了“总体设计、专家引领、名师参研、企业参与”的建设思路,特聘请全国职教课程专家华东师范大学职业教育与成人教育研究所副所长徐国庆教授为首席顾问,特邀首批中国饭店业经营管理大师石世珍、广州南沙大酒店总经理杨结、重庆澳维酒店总经理张涛等饭店行业专家全程指导资源库建设与开发。

依据全国旅游职业教育教学指导委员会制定的《中等职业学校高星级饭店运营与管理专业教学标准》(试行),本着“模块化呈现、精细化教学、多样化适应”的开发理念,项目共开发了酒店服务与管理专业9门专业课的网络课程,按照教育部统一技术标准制作了5000余个学习积件,共编写、整理了近40万字的文字资料,制作了80个微课视频、169个高清技术视频和214个演示动画,拍摄整理了6000多张专业图片,完成了420个授课课件、逾万道试题的编辑制作。

为物化项目建设成果,我们联合旅游教育出版社,结合教育部发布的中等职业学校高星级饭店运营与管理专业教学标准,把资源共建共享项目的网络课程成果编写成教材,拟共出版8本教材:《客房服务与管理》《餐饮服务与管理》(为与教育部制定的专业教学标准保持一致,将共建共享项目中的中餐与西餐课程合成一本教材出版)、《前厅服务与管理》《饭店礼仪》《饭店专业英语》《饭店产品营销》《茶艺服务》《酒水知识与服务技能》。希望以此惠及更多的学生及广大读者朋友。

本系列教材融入了我们一线老师多年积累的教学经验成果,由于水平有限、时间仓促,难免存在不当之处,恳请各位专家、学者及广大读者予以批评指正。

国家级数字化精品课程资源酒店服务与管理专业
第一期、第二期课题组组长
聂海英

前言

历经近四年时间，我们完成了“全国中职学校数字化资源共建共享课题酒店管理项目”中“酒水知识与服务技能”课程的所有项目工作，并通过了教育部的统一验收。为了能够更好地传播和分享课题的成果，也帮助相关使用数字资源库内容的学校更加有针对性地进行学习和教学，我们编写了这本教材。

本书由广州市旅游商务职业学校酒店管理专业教研组的老师们担任作者。他们与行业人士积极沟通，完成了资源丰富的课题内容，并在数字资源库的基础上，将本书的内容结构合理化。本书以职业岗位为导向，以梳理典型的工作任务和情景为基本方法，目的是让学习者能够清晰认识酒吧的主要工作内容。同时根据酒水行业不断分化和发展的大趋势，加大对咖啡、葡萄酒项目的介绍力度，以适应行业的发展需求。教材的编写者坚持“以新型行业形态为纽带”的思路，积极介绍咖啡行业、葡萄酒行业的前沿资讯。

本教材由“酒水知识与服务技能子课题小组”成员完成。广州市旅游商务职业学校吴浩宏校长担任主编，李伟慰、苏敏琦担任副主编，夏薇、麦毅菁、王婷、麦泉生、徐润红、华广兰担任编者。全书分成6个模块14个项目，模块一项目一由徐润红编写，项目二由李伟慰编写；模块二由夏薇编写；模块三项目一、项目三由麦毅菁编写，项目二由王婷编写；模块四项目一由麦毅菁编写，项目二由李伟慰编写；模块五项目一由苏敏琦编写，项目二由麦泉生编写；模块六项目一、项目二由华广兰编写，项目三由李伟慰编写。

本教材的编写得到了许多行业人士和机构的支持。在此感谢重庆市旅游学校聂海英校长的有力领导和指导，感谢支持资源建设的澳门诚品咖啡、广州富隆酒业、广州爱意餐厅酒吧、广州白天鹅酒店，同时感谢旅游教育出版社的大力支持。

由于行业资讯日新月异，许多新工艺新技术无法及时纳入其中。同时，由于编者水平有限，书中可能有不少错误，欢迎读者批评指正！

编者

2017年10月于广州

目 录

模块一　认识酒吧

酒吧是人们日常生活休闲娱乐的重要场所，是在繁重的工作之后放松消遣的好去处。酒吧应该有鲜明的主题和特点，具备完善的设施和设备，能够为人们提供丰富的酒水服务。不同的酒吧根据不同的市场定位，装修设计的风格也会有所不同。本模块将重点介绍酒吧的基本风格和氛围，以及围绕酒吧的氛围和环境进行不同物品的布置与产品设计的相关知识。

学习目标

◆能依据酒吧实体描述酒吧的功能分布。

◆能描述原材料的名称、品质、类型、特性、保存要求和卫生标准。

◆能辨别酒水服务用具的类型、功用和材质。

◆能准确归类设施设备，并进行简单的维护和保养。

◆能准确进行酒水服务用具的归类摆放与保养。

◆能辨别酒水饮品原材料的基本信息，进行归类摆放，并进行妥善的保存和盘点。

项目一 酒吧布置

酒吧带有鲜明的娱乐休闲性，其装修和设计的风格都是比较具有个性的。作为酒吧的经营者来说，设计和经营酒吧首先应该考虑到酒吧的功能性和实用性，然后能够很好地进行软装饰的设计。因此，酒吧中一般比较注重灯光风格的设计，同时也会很用心地设计好吧台，使之成为整个酒吧的核心。

图 1-1 风格独特的酒吧

基础知识

酒吧（Bar）起源于欧洲大陆，经过欧洲移民的传播到达美洲大陆，现已成为人们消遣娱乐的好去处。“Bar”的本义是指由木材、金属或其他材料制成的长度超过宽度的台子。16 世纪，“Bar”演变成为“卖饮料的柜台”，即酒馆中的“吧台”。18 世纪到 19 世纪，随着繁华大都市的崛起，酒吧业繁荣发展起来，吧台成为非常炫目耀眼的商业柜台和酒馆中值得炫耀的东西。人们逐渐开始把酒馆叫作酒吧，酒吧慢慢地取代了酒馆，并成为具有独特功能的时尚公共空间和休闲消费场所。

一、酒吧的文化特征及分类

酒文化与环境文化是酒吧文化的两大支柱。酒文化是酒吧经营的基础，造就和影响消费者的消费习性和具体的消费行为。环境文化主题氛围是酒吧经营的灵魂。酒吧经营理念讲究酒吧的历史延续、酒吧的亲和力，这些都能在酒吧环境布局、装饰灯光、音乐艺术所营造的气氛情调中集中体现出来。不同的酒吧有自己独特的文化定位，娱乐场所的外表下不经意间展现着现代文化的内涵。

现代酒吧按照经营中供应的酒水和饮料分为：纯饮品酒吧、餐厅酒吧、小吃型酒吧和夜宵式酒吧。按照提供的娱乐项目分为：娱乐型酒吧、休闲型酒吧、俱乐部及沙龙型酒吧。

按照现代人对于酒水和环境追求的细腻程度，本书比较赞同将酒吧细分为：葡萄酒吧、鸡尾酒吧、餐厅酒吧、公共酒吧、泳池酒吧、咖啡吧、沙滩酒吧和钢琴酒吧。

二、酒吧的空间布置与氛围营造

酒吧作为休闲放松的场所，室内空间装饰的布置应抓住轻松、随意这一要点，在软装设计风格上主要追求异国情调。酒吧一般分为静吧和闹吧两种：静吧强调的是一种高雅、宁静的格调，而闹吧强调的是一种活泼氛围。要营造出酒吧独特的氛围，在装饰方面，我们应该抓住以下五个要点：

第一，要有明确的酒吧主题。一般酒吧的主题要与酒吧的名字相呼应，针对主题展开叙事性的装饰设计。例如，酒吧的设计主题为中世纪的海盗船，围绕这一主题，酒吧的装饰中出现船锚、罗盘、木制的绕有粗麻绳的隔断、帆布的顶棚等描述海盗船故事的装饰构件。

第二，通过各种隔断和墙体创造弧、折、实、虚等不规则的空间，打破平行垂直风格的沉闷感，营造个性化的感性空间。

第三，酒吧多在夜间营业，所以，灯光布置是一个重点。酒吧为了突出其氛围，不宜太亮。除了吧台，其他地方的光亮度应较弱。通常在桌面布置局部照明，如烛灯。酒吧的顶部不宜大面积采光，一般用次光源的暗槽灯、壁灯以营造柔和略暗的色彩基调。灯具的造型方面，可以大胆地选择造型独特的灯具。

第四，座席区的家具布局要以人为本，充分考虑人的心理和最佳的人际交流距离，避免吧台间位置相邻过近造成的心理不适。

第五，出于安全考虑，界面指示标志需醒目。在酒吧较暗的空间内，要能很清楚地识别出指示标志。

三、酒吧的功能布局

酒吧布局要依据现有的建筑结构，体现酒吧独特的主题需要，满足色彩、灯光、音乐和装饰方面的需求，符合酒吧服务活动的要求。酒吧由以下几个主要服务功能区组成。

吧台区是酒吧的核心部分，是向客人提供酒水和其他服务的工作区域。音控室是灯光影响的控制中心。主题活动区主要体现酒吧个性、品位和主题文化特色，是供演奏、演唱、跳舞用的功能活动区。座位区的功能主要是供客人聊天、交流。包厢（单间）是为一些不愿被别人打扰的团体或友人聚会所提供的大小不一的场所。洗手间是酒吧不可缺少的设施。娱乐活动区是为客人提供如台球、飞标、按摩、卡拉 OK 等娱乐活动的区域。

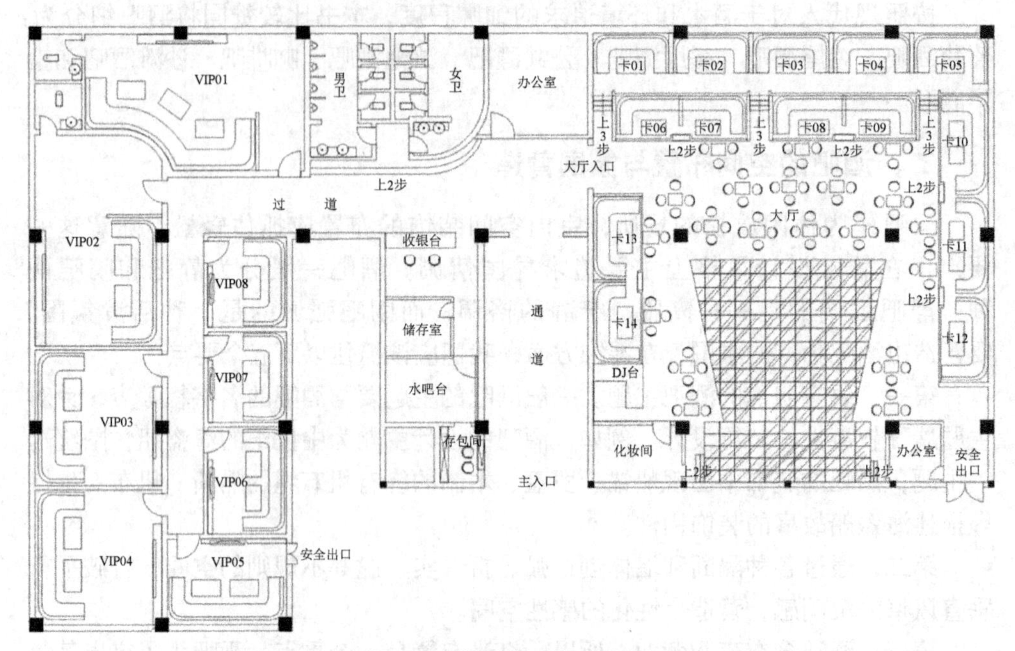

图 1-2 酒吧的功能平面图

四、酒吧的基本设施设备

（一）酒吧设施和吧台用具

酒吧以饮品的制作为主。在制作饮品的过程中，涉及大量的加工过程。因此，酒吧里有大量的进行初加工的设备和保鲜冷藏设备。同时，由于酒吧出品类型多，以及饮品在香气、口感和外观上的不同，杯具的选用需要考虑材质、外形、分量等。酒吧主要设施设备及其用途如表 1-1 所示。

表 1–1 酒吧主要设施设备

设施种类	设施名称	英文名称	具 体 用 途
标准的酒吧设施	制冰机	Ice Making Machine	制作冰块的机器，有不同的型号。冰块形状分为四方形、圆形、扁圆形和长条形等多种
	冰槽	Ice Tank	不锈钢制成，盛冰块（或碎冰）专用
	酒瓶陈列槽	Bottle Display Case	用于贮放需要冰镇的酒
	酒架	Speed Rail	用于陈放常用酒瓶
	碳酸饮料喷头	Carbonated Beverage Nozzle	碳酸饮料在酒吧的配出装置，常见的喷头可接6种不同的碳酸饮料
	搅拌器	Mixing Agitator	用于混合奶、鸡蛋等食物
	果汁机	Blender	用于水果榨汁
	洗杯机	Washing Cup Machine	洗杯机中有自动喷射装置和高温蒸汽管，可对放入的杯子进行自动清洗
	冰杯柜	Chilled Glass Machine	为酒吧需要用冰杯服务的饮品提供杯具，温度控制在4~6℃
	洗杯槽	Wash Cup Slot	洗杯用，一般为三格或四格，一格清洗，二格冲洗，三格消毒清洗
	生啤酒机设备	Beer Making Machine	由啤酒瓶、柜内的啤酒罐、二氧化碳罐及柜上啤酒喷头、输酒管组成
	咖啡机	Coffee Machine	煮咖啡用，有许多型号
	吧台垫	Bar Mat	在吧台上使用，起到保温和隔水作用，同时也能够使摇壶、量杯和滤冰器快速干爽
	贮藏设备	Storage Device	包含酒瓶陈列柜台、冷藏柜、干贮藏柜等
酒吧服务用具	量杯	Measures/Jigger	用来量取各种液体的标准容量杯，分两头呈漏斗形不锈钢和玻璃量杯
	酒嘴	Pour Spout	安装在酒瓶口上用来控制倒出酒量的器具，由不锈钢或塑胶制成
	调酒杯	Punch Bowl	厚玻璃器皿，用来盛冰块及各种需要调制的饮料
	调酒壶	Cocktail Shaker	不锈钢制的摇混饮料和冰块的器具，分盖子、过滤网、壶身三部分

续表

设施种类	设施名称	英文名称	具 体 用 途
酒吧服务用具	过滤器	Bartender Filter	用于盖住调酒杯的上部，使冰块及水果等酱状物不至于倒进饮用杯中
	调酒棒	Mixing Stirrer	长 10~11 英寸（1 英寸 =2.54 厘米）的用来搅拌饮用杯、调酒杯或摇酒杯里饮料的长柄棒
	冰铲	Ice Scoop	不锈钢制的用来从冰桶中舀出各种标准大小的冰块的器具
	冰夹	Ice Clip	用来夹取方冰的不锈钢工具
	碾棒	Ground Rods	木制的用来碾碎固状物或捣成糊状的工具
	水果挤压器	Citrus Reamer/Juicer	用来挤榨柠檬或柳丁等果汁的手动挤压器
	漏斗	Funnel	把酒和饮料从大容器倒入方便适用的小容器中的一种常用的转移工具
	冰桶	Ice Bucket and Tongs	不锈钢或玻璃制成的用来盛放冰块的容器
	宾治盒	Punch Box	玻璃制成的用来调制量大的混合饮料的容器
	盐糖霜制作盒	Salt and Sugar Rim Tray	给酒杯制作糖圈或者盐圈时使用的塑料盘子
	酒吧匙	Bar Spoon	用于调制鸡尾酒或混合饮料的不锈钢匙，匙浅、柄长，中间呈螺旋状
装饰用具	砧板	Chopping Block	酒吧常用的砧板为方形的，塑胶或木制的
	酒吧刀	Bar knife	小型或中型的不锈钢刀，刀口锋利
	装饰叉	Decorative Fork	有两个叉齿的不锈钢制品，用于叉放装饰品
	削皮刀	Fruit Knife	专门为饮料装饰而用来削柠檬皮等的特殊用刀
饮料服务工具	启瓶罐器	Bar Blade	不锈钢制的开启瓶罐的工具
	罐头起子	Can Opener	用于开启罐头的不锈钢工具
	香槟开瓶器	Champagne Stopper	特殊设计的用于开启香槟的工具
	葡萄酒酒刀	Wine Opener	不锈钢制的用来开启葡萄酒瓶上软木塞的工具
	服务托盘	Service Tray	圆形的软木面的托盘，一般有 10 英寸和 14 英寸两个型号
	账单托盘	Bill Tray	呈递账单、找零和验收信用卡的工具，也可用于收取客人留下的小费

续表

设施种类	设施名称	英文名称	具 体 用 途
饮料服务工具	鸡尾酒纸巾	Cocktail Towel	垫在饮料杯下面供客人用的纸巾
	吸管	Straw	用于高杯饮料的对客服务
	搅棒	Stirrers	供客人搅匀鸡尾酒使用，能够充分混合饮料
	装饰物收纳盒	Bar Caddy	摆放在吧台上，用于收纳吸管、纸巾、搅棒等物品，要随时保证其物品齐全
	装饰签	Decoration	用以串上樱桃等点缀酒品

（二）酒吧杯具分类

红酒杯、白酒杯：酒吧常用杯。红酒杯容量为 224 毫升左右，是饮用红葡萄酒的专用杯；白酒杯容量为 168 毫升左右，是饮用白葡萄酒的专用杯。

多用途高脚杯：也称高脚大水杯，用于盛装冰水、矿泉水，容量为 300~360 毫升。

图 1–3 葡萄酒杯（Red Wine Glass）

图 1–4 高脚杯（Water Goblet）

笛形香槟杯：饮用香槟时所使用的专用酒杯，杯子的形状像郁金香花一样，容量为 126 毫升左右。

碟形香槟杯：一种古老的香槟杯，可用于在喜宴庆典上搭建香槟塔，容量为 126 毫升左右。

图 1–5 笛形香槟杯（Champagne Flute）

图 1–6 碟形香槟杯（Champagne Saucer）

雪利酒杯：饮用雪利酒的专用酒杯，纯饮烈性酒时也多使用此类酒杯，容量为 56 毫升左右。

希波杯：常用于承装各种蒸馏酒加软饮料的鸡尾酒、矿泉水及碳酸饮料。容量为 180~300 毫升，但以 224 毫升的杯形最常见。

图 1–7　雪利酒杯（Sherry/Port Glass）

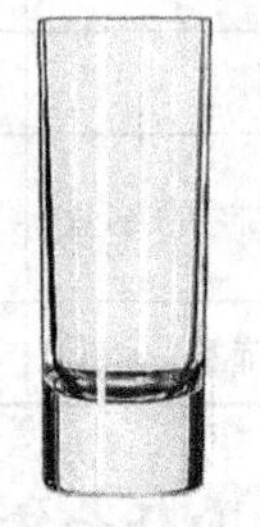

图 1–8　希波杯（Highball Glass）

柯林斯杯：也称高杯，是一种圆筒形的、杯身高长的大型酒杯。用于承装“金汤力”等长饮类鸡尾酒及软饮料。容量为 280 毫升。

古典杯：可以放冰块，在酒吧常用于盛放多份烈酒加冰或某些鸡尾酒。

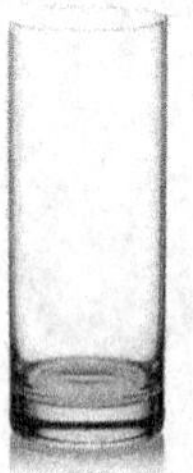

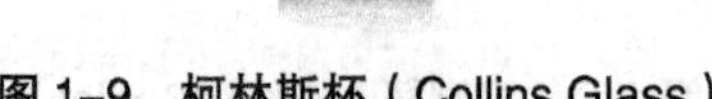

图 1–9　柯林斯杯（Collins Glass）

图 1–10　古典杯（Rock Glass）

果汁杯：为直身平底杯形，在酒吧饮用各种果汁时使用。容量为 168 毫升左右。

白兰地杯：在酒吧多用于白兰地的净饮。容量为 224~336 毫升，标准白兰地杯容量为 224 毫升，但习惯上斟倒白兰地酒只斟倒 28.4 毫升左右。

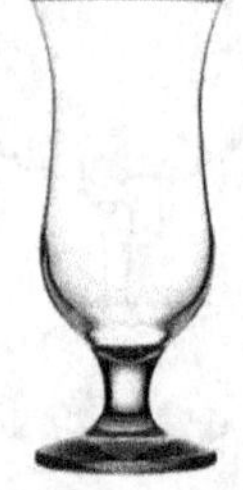

图 1–11　果汁杯（Juice Glass）

图 1–12　白兰地杯（Brandy Snifter）

鸡尾酒杯：形状一般呈倒三角形，在酒吧中归属于短饮类的鸡尾酒一般都用此杯型。容量为 98 毫升。

玛格丽特杯：专门盛放玛格丽特鸡尾酒的杯子，容量为 150~180 毫升。

图 1–13　鸡尾酒杯（Cocktail/Martini Glass）

图 1–14　玛格丽特杯（Margarita Glass）

烈酒杯：用于饮用各种烈性酒（白兰地除外），只限于烈性酒不加冰净饮情况下使用。容量为 30 毫升左右。

扎啤杯：也称“带柄啤酒杯”，用于盛放鲜啤酒。容量通常为 0.5~1.5 升。

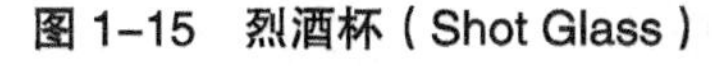

图 1–15　烈酒杯（Shot Glass）

图 1–16　扎啤杯（Beer Mug）

高尔夫球啤酒杯：一般饮用啤酒时使用。容量为 224~336 毫升。通常将啤酒杯放在冰箱内冷藏。

奶昔杯：用来饮用奶昔的杯子，有时也可以盛放某些鸡尾酒或软饮料。

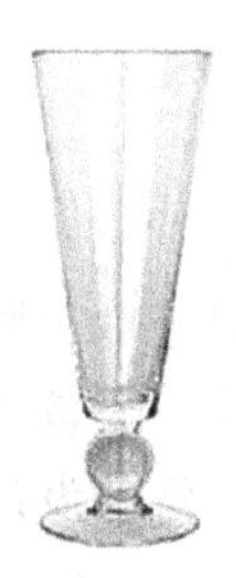

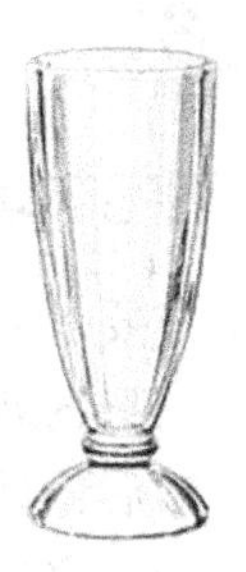

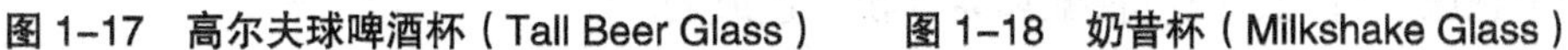

图 1–17　高尔夫球啤酒杯（Tall Beer Glass）　图 1–18　奶昔杯（Milkshake Glass）

爱尔兰咖啡杯：杯身较长带柄，杯壁较厚且耐高温，是饮用爱尔兰咖啡的专用杯。容量为 210 毫升左右。

利口酒杯：也称餐后甜酒杯，一般在纯饮利口酒时使用。适用于纯饮利口酒或天使之吻、彩虹酒等餐后鸡尾酒。容量为 30 毫升左右。

图 1-19 爱尔兰咖啡杯（Irish Coffee Glass）

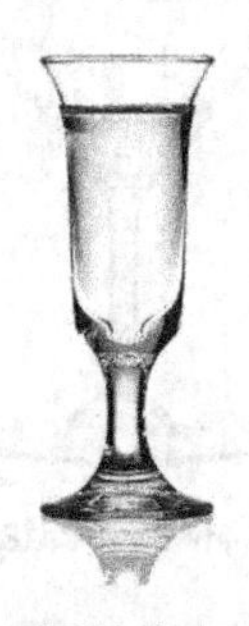

图 1-20 利口酒杯（Liqueur Glass）

茅台杯：一种小型高脚杯，饮用中国白酒的专用酒杯。容量为 5 毫升左右。

图 1-21 茅台杯（Chinese Liquor Cup）

实操任务

一、区别酒吧环境及功能

从事酒吧工作要求非常熟悉酒吧的布局，能够按照酒吧的不同布局突出酒吧的风格和主题。酒吧的装修要讲究个性和功能性的整体合一。首先应该满足酒吧功能性的需求，然后设计出符合实际需要的酒吧风格。个性的设计主要是通过不同的主题区、灯光、家具搭配和装饰物来达成的。

（一）辨识酒吧的风格

通过观察酒吧的装修、色调来确定相关的风格定位。图 1–22、图 1–23 的酒吧风格主要以温馨的色调和图案为主，是一种以安静的休闲为主题的清吧风格。

图 1–22 清吧的室外装修风格

图 1–23 清吧的室内装修风格

（二）观察吧台的功能性

酒吧的吧台是整个酒吧的核心，是酒吧运行的大脑，兼顾制作、收银和服务输出的功能。同时，吧台也是酒吧设备最集中的区域。因此，吧台应该注重设计的合理性，有利于吧师进行最快速的出品，方便性的原则要重点体现。酒吧的吧台一般会设计成直线形、圆形和 U 形。吧台主体分成前吧台和后吧台：前吧台主要功能以调酒和服务沟通为主，后吧台则主要以展示酒水、储存和消毒为主。

前吧台为酒吧的核心部分，设计要有特色、简洁、方便操作和服务；高度一般为 110~120 厘米，宽度为 60~70 厘米。吧台要设立工作台，一般位于吧台下面。工作台是调酒师调酒和切配水果的工作区，高 75 厘米、宽 45 厘米。

图 1-24 吧台

（三）辨识酒吧的娱乐休闲区

酒吧主题区多数以鲜明的色调和背景墙为主题，通常会有乐队和相关的表演。

图 1-25 酒吧的娱乐区

（四）服务座位区的摆设

酒吧的座位区应力求舒适、宽敞，适应酒吧周边的环境和形状，家具应该符合人体工学原理。同时，座位区应该注意一定的私密性，灯光的设计也应该别具一格。

（五）包厢的设计风格

包厢一般都是酒吧的 VIP 接待区域，因此应该注意这个区域的独立性和装修的高档性，突出酒吧的最高格调，能够满足一部分客人的个性需求。

小贴士

作为酒吧的服务人员应该熟悉酒水的类型，能够向客人提供专业的服务。吧台区应该充分准备好各种酒杯，保证设备能够正常运作。楼面的服务应该注重座位区域的舒适性和便利性，能够很好地进行酒水的针对性服务。如果需要设置简餐服务，则应该注意使用餐具和准备进行餐饮服务的备餐工作。

图 1-26 吧台服务准备

图 1-27 包厢区的服务设置

图 1-28 座位的摆设

二、准备酒吧设施设备

（一）准备前吧台的设备

前吧台的设备包括调酒操作台、酒瓶陈列槽、冰槽、碳酸饮料喷头、搅拌器、果汁机、垃圾箱、空瓶贮放架、生啤酒机设备、咖啡机。应按照一定的工作流程将这些设备摆放在相应的位置。通常在靠近门口的一侧会摆放最显眼的啤酒机，然后依次是苏打枪、操作台、备料台、冰槽、咖啡机、搅拌机和果汁机。吧台下半部分是冷藏柜、二氧化碳气瓶、鲜啤桶和酒瓶陈列槽。

图 1-29 前吧台的冷藏柜、制冰机及操作台、杯架及吧凳

图 1-30 前吧台的饮品制作设备

（二）准备后吧台的设备

酒架、洗手槽、冰杯柜、洗杯槽、沥水槽、杯刷。后吧台的功能主要以展示酒水、储存和清洁消毒功能为主。

图 1-31 后吧台的设置

（三）辨识调酒工具

调酒壶：有两种，分别是波士顿调酒壶和标准调酒壶。常用于多种原料混合

的鸡尾酒或加入蛋、奶等浓稠原料的鸡尾酒。通过剧烈地摇动调酒壶，使壶内各种原料均匀地混合。

图 1-32 标准调酒壶

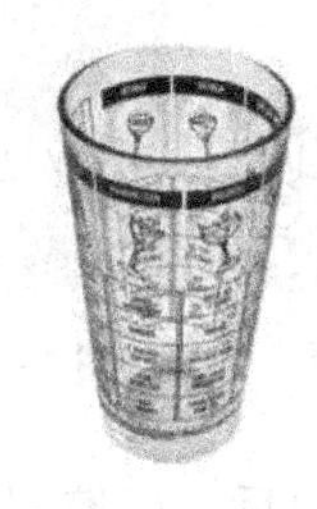

图 1-33 波士顿调酒壶

量酒器：俗称葫芦头、雀仔头，是测量酒量的工具。不锈钢制品，有不同的型号，两端各有一个量杯。常用的是上部 30 毫升、下部 45 毫升的组合型，也有 30 毫升与 60 毫升、15 毫升与 30 毫升的组合型。

图 1-34 传统型量酒器

图 1-35　个性化造型量酒器

图 1-36　日式量酒器

图 1-37　英式皇家量酒器

酒嘴：一头粗一头细，装在瓶口后，以控制酒的流量。可以分成葡萄酒专用酒嘴及调酒酒嘴。

图 1-38　葡萄酒专用酒嘴

图 1-39　不锈钢调酒酒嘴　图 1-40　塑料调酒酒嘴

吧匙：又称“调酒匙”，是酒吧调酒专用工具，不锈钢制品，比普通茶匙长几倍。吧匙的另一端是匙叉，具有叉取水果粒或块的用途，中间呈螺旋状，便于旋转杯中的液体和其他材料。

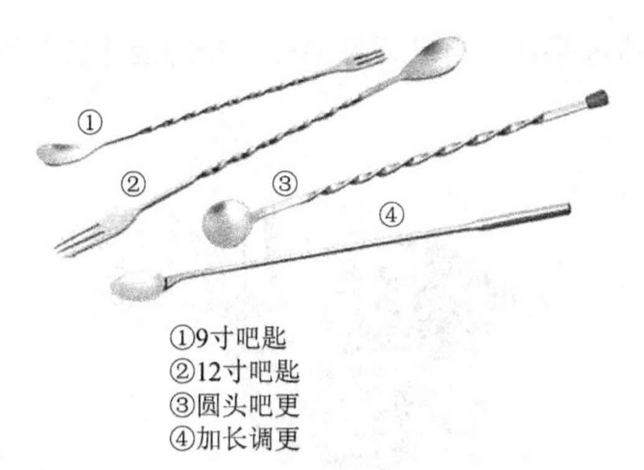

图 1-41 不锈钢调酒匙及吧更

调酒棒：大多是塑料制品，可作为酒吧调酒员在用调酒杯调酒时的搅拌工具，亦可插在载杯内，供客人自行搅拌用。

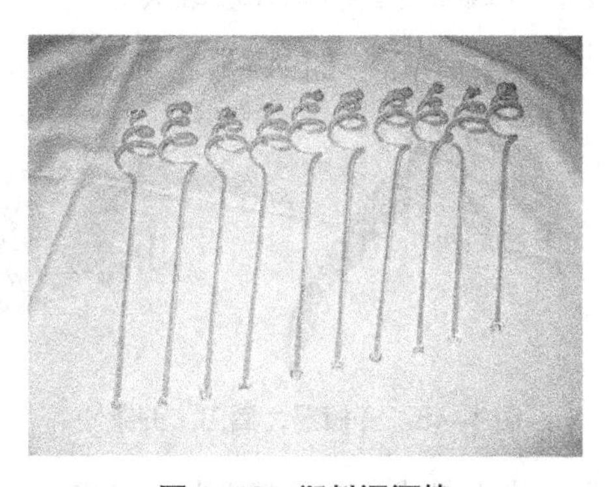

图 1-42 塑料调酒棒

冰桶：不锈钢或玻璃制品，盛冰块专用容器，能保温，冰块不会迅速融化。

图 1-43 储冰桶及香槟桶

榨汁器：用于冷冻果汁、自动稀释果汁、榨鲜橙汁或鲜柠檬汁等。

图 1-44　不锈钢榨汁器

开瓶器、酒刀及开罐器：开瓶器用于开启汽水、啤酒瓶盖，酒刀用于开启红、白葡萄酒瓶的木塞，开罐器主要用来开启罐头。

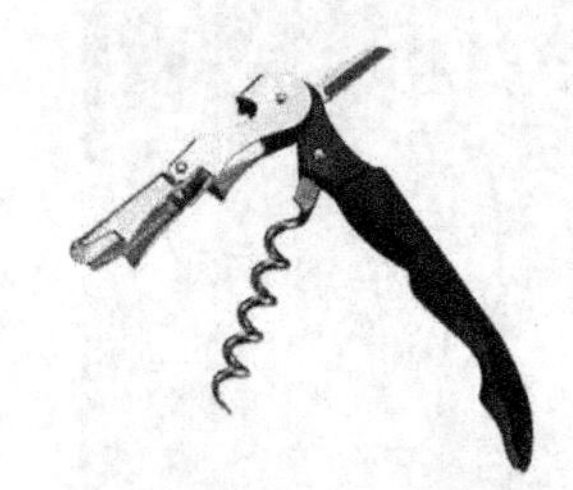

图 1-45　开瓶器、酒刀、开罐器

碾棒：主要用来帮助将水果或者其他需要加工的东西碾碎，一般取碾揉后的汁液强化鸡尾酒的风味。

图 1-46　不锈钢碾棒

小贴士

在实际操作中，调酒工具要按照一定的合理顺序进行摆放，以便于操作。比如，调酒壶一定要跟量酒器放在一起；冰铲、冰夹要放在储冰池或者冰桶里，并放在自己的右手方位。

图 1–47 科学的吧台设置

技能评价

<table>
<tr><th rowspan="2">实操项目</th><th rowspan="2">序号</th><th rowspan="2">内 容</th><th rowspan="2">具 体 指 标</th><th colspan="4">评判结果</th></tr>
<tr><th>优</th><th>良</th><th>合格</th><th>不合格</th></tr>
<tr><td rowspan="4">区别酒吧环境及功能</td><td>1.1</td><td>辨别酒吧设施</td><td>准确辨认冰槽、酒瓶陈列槽、酒架、碳酸饮料喷头、搅拌器、果汁机、洗手槽、冰杯柜、洗杯槽、沥水槽、杯刷、垃圾箱、空瓶贮放架、生啤酒机设备、贮藏设备等酒吧设施</td><td></td><td></td><td></td><td></td></tr>
<tr><td>1.2</td><td>按照标准摆放酒吧设施</td><td>按照酒水服务操作要求恰当摆放酒吧设施设备</td><td></td><td></td><td></td><td></td></tr>
<tr><td>1.3</td><td>熟悉吧台工具，懂得分类</td><td>准确对酒吧服务用具、酒吧装饰用具、饮料服务工具三种吧台用具进行分类</td><td></td><td></td><td></td><td></td></tr>
<tr><td>1.4</td><td>按标准摆放吧台用具</td><td>按照酒吧营业需要，在吧台正确摆放三类用具，以卫生、整齐及便于调酒操作为原则</td><td></td><td></td><td></td><td></td></tr>
</table>

续表

实操项目	序号	内　容	具　体　指　标	评判结果			
				优	良	合格	不合格
准备酒吧设施设备	2.1	熟悉酒吧杯具的类别与用途	准确区分红酒杯、白酒杯、香槟杯、古典杯、希波杯、柯林斯杯、白兰地杯、鸡尾酒杯、各式啤酒杯、不同形状大小高脚杯等酒吧的杯具，熟悉其用途				
	2.2	按照营业标准摆放杯具	各类杯具分类摆放，做到整齐、美观、实用，杯底最好垫上毛巾，悬挂和陈列的杯具要擦拭干净，不能有手印和水雾				
	2.3	按照营业要求清洁杯具	按照酒吧清洁杯具的程序：熟练蒸杯（在蒸杯过程中手握杯杆或杯底部）、抹杯（抹杯时布巾必须包拢杯具、手不得接触杯身），将杯具规范清洁、整齐合理摆放				

项目二　酒吧产品组成

国外比较讲究酒水的功效和作用，而且多数以水果作为原材料。因此，外国酒的观赏性强，讲究细腻的品味和搭配。

图 1–48　酒水家族

酒吧文化与西式酒文化的背景密切相关。酒吧酒水的分类和搭配应该按照外国酒的特点来进行，酒吧的产品设计和内涵也多数要体现西方文化的气息。

基础知识

酒是采用许多不同的材料经过发酵、酿造、蒸馏、调配而成的含酒精的液体。多数农作物，如水果、谷物等皆可以作为酿酒材料，酿造物经过清洗（葡萄除外）、压榨、发酵、过滤、储存等流程，得到含有酒精成分的液体后，再依照制造程序的不同而产生不同味道及不同酒精比例的酒品。

一、酒水饮料的分类

不同特色的酒吧根据消费者的需求和自身的经营规模与利润目标，提供相应的饮品。国内外酒吧由于各自的习俗和消费观不同，对饮品的习惯分类也有一些差异。

一般来说，饮料（Beverage）可分为含酒精（Alcoholic）和不含酒精（Non-alcoholic）的饮料。其中，含酒精饮料包括开胃酒（Aperitif）、烈酒（Spirit）、静止葡萄酒（Still Wine）、强化葡萄酒（Fortified Wine）、起泡葡萄酒（Sparkling Wine）、利口酒（Liqueur）、啤酒（Beer）、鸡尾酒（Cocktail）；无酒精饮料包括咖啡（Coffee）、茶（Tea）、矿泉水（Mineral Water）、碳酸饮料（Carbonated Beverage）、果汁（Juice）、无酒精鸡尾酒（Mocktail）等。全球范围内含酒精饮料的品种和品牌众多。作为调酒师应该熟悉酒吧常用的一些含酒精饮料的种类。

（一）酒精饮料

1. 开胃酒

开胃酒（Aperitif）包括味美思酒（Vermouth）、苦艾酒（Bitters）和茴香酒（Anise）。

图 1–49 苦艾酒及茴香酒

2. 烈酒

烈酒（Spirit）包括金酒（Gin）、威士忌（Whisky）、朗姆酒（Rum）、伏特加（Vodka）、白兰地（Brandy）、特基拉酒（Tequila）。

图 1-50 不同品牌的烈酒

3. 葡萄酒

葡萄酒（Wine）是西方酒中最大的一个类别，也是最值得品味的酒品，可以跟不同的菜肴进行搭配。葡萄酒可以分成静止葡萄酒（Still Wine）、强化葡萄酒（Fortified Wine）、起泡葡萄酒（Sparkling Wine）。其中，静止葡萄酒又可以分成红葡萄酒（Red Wine）、白葡萄酒（White Wine）、玫瑰红葡萄酒（Rose Wine）。

图 1-51　干红葡萄酒、白苏维翁白葡萄酒、玫瑰红葡萄酒

强化葡萄酒是指在葡萄酒发酵过程中或发酵后加入蒸馏酒制成的酒品。通常用白兰地来强化其酒精度。主要包括雪利酒（Sherry）、波特酒（Port）、马德拉酒（Madeira）。

图 1-52　葡萄牙波特酒

图 1-53　西班牙“普林西”雪利酒

起泡葡萄酒可以分成自然发酵起泡葡萄酒以及加气起泡葡萄酒。其中，最著

名的起泡葡萄酒就是香槟（Champagne），其余均被称为起泡葡萄酒（Sparkling Wine）。

4. 利口酒

利口酒（Liqueur）多是由两种或者两种以上的原材料制作而成的。通常以烈酒（白兰地或者朗姆酒）为基底进行混合，然后加入增甜品、药材、各种水果、糖、巧克力、奶油、咖啡等物品，以增加其风味。

图 1–54　不同类型的利口酒

5. 啤酒

啤酒（Beer）是以大麦为原料、啤酒花为香料，经发酵酿制而成的一种含有大量二氧化碳气体的低度酒。“啤酒”的名称是由外文音译过来的，如德国、荷兰称“Bier”，英国称“Beer”，罗马尼亚称“Berea”等。正因为啤酒以大麦芽为主要原料，所以日本人也称啤酒为“麦酒”。啤酒可以分成浅色啤酒、金黄色啤酒、棕黄色啤酒、浓色啤酒和黑色啤酒，它们分别有着不同的口味，但是营养价值都非常高。

图 1–55 各国的啤酒

6. 鸡尾酒

鸡尾酒（Cocktail）包含餐前鸡尾酒（Per-dinner）、长饮（Long Drink）、餐后鸡尾酒（After Dinner）。通常是人们餐前餐后进行交流消遣时饮用的低度酒精饮料。

（二）无酒精饮料

在我国，随着生活水平的提高，人们对于日常饮品的要求也随之发生了变化。人们开始喜欢选择一些不含酒精的饮料作为日常休闲消遣时的饮品。因此，中国的饮料市场快速发展，无酒精饮料的种类和品牌正在不断增加，以售卖无酒精饮料为主体的饮品产业已经逐步形成。

1. 咖啡

咖啡（Coffee）已经成为人们日常生活中非常重要的饮品。咖啡店的数量正在以每年 30% 的速度增长。人们开始热衷于投资咖啡店，更加追求来自咖啡原产地的优质精品咖啡，开始关注咖啡的地域之味。

图 1–56 手冲精品咖啡

2. 茶

茶（Tea）起源于中国，在全世界范围内得到广泛的传播。茶饮料的概念根据地域和文化背景不同而有所区别：东方的茶饮多数还是以冲泡茶为主；西式的茶饮则讲究与其他物质的搭配，激发茶饮的活力，如奶茶。在目前的市场上，东方的茶饮大部分以精品茶叶的冲煮为代表，并且形成了一些时尚的门店。西式茶文化讲究茶与牛奶、糖分的有机结合，以快捷的茶饮服务模式出现在市场中。

图 1–57　各式茶饮

3. 矿泉水

矿泉水（Mineral Water）是一种稀缺的饮用水资源，含有丰富的矿物质和微量元素，因此成为人们的一种选择。通常矿泉水可以分为加气与不加气两种，以适应不同群体的需求。苏打饮料逐步成为一种新兴饮品。

图 1–58　优质矿泉水

4. 碳酸饮料

碳酸饮料（Carbonated Beverage）当中加入二氧化碳和其他香料、糖浆，使其产生清爽的口感，成为人们所热衷的饮料。因含有二氧化碳气体，所以在我国的许多地区又称之为“汽水”。

图 1-59 各式汽水

5. 果汁

果汁（Juice）可以分为鲜榨果汁、浓缩果汁和非浓缩还原果汁等。在人们越来越重视身体健康的今天，果汁饮料的市场正在形成很大的消费力。

6. 无酒精鸡尾酒

无酒精鸡尾酒（Mocktails）是将不含酒精的果汁、风味果露糖浆、软饮料等按照一定的配方调制而成的。在调制时，要按照鸡尾酒调制的原则注意颜色搭配、口感调配和装饰。

图 1-60 时尚的饮品潮流

二、酒吧产品构成

酒水的销售是酒吧产品销售的重点。因此，酒水单（Drink List）的内容应该能够直观地反映酒水的相关销售内容和种类。同时，酒吧中的产品销售还会涉及部分食品，如果是西餐酒吧则会有西餐食品，一般的酒吧会有小吃。因此，也要分开列出相关的产品，这样才能更好地提升酒吧的产品销售额。

酒吧的产品可以按照酒水的种类进行分类，包括开胃酒、葡萄酒、烈酒、利口酒、啤酒、鸡尾酒（含酒精和不含酒精）和无酒精饮料。因此，本书就按照酒水单的种类进行制作和服务流程的归类，包括“葡萄酒与烈酒服务”“鸡尾酒调制”“啤酒与软饮料服务”“咖啡制作与服务”。

通常酒吧以“杯”为单位进行售卖，每杯都会有标准的分量；同时也会以“瓶”或者“听”为单位来进行售卖。不过，酒吧的酒水销售通常使用“杯”来进行售卖，能够获得更高的利润，这也是国际上通用的酒吧酒水销售模式。

实操任务

一、辨识酒水及其他原材料

（一）看酒水的瓶口

确认酒水是否完好、密封，查看有无完整的封签和防伪标。看封签决定开瓶方式和合适的开瓶器。

图 1–61　君度橙味利口酒瓶盖

（二）查看酒瓶正面商标

认真查看商标，获取所取酒水的品牌名称、生产厂家、酒精度、净含量等信息，清晰明确地将以上信息告知于客人。

（三）查看酒瓶背面商标

仔细阅读商标，获取品牌名称、注册商标、级别分类、酒水简介、酒精度、净含量、原料、保质期、生产日期、产品标准号、厂址等信息，确保酒水在保质期内，不会出现问题。

图 1-62 君度橙味利口酒酒标

图 1-63 君度橙味利口酒背标

（四）观察酒色

通常隔着玻璃瓶观察酒体的颜色比较难，主要是观察酒体是否干净，有没有杂质，以确保酒的质量。

二、储存与摆放原材料

（一）储存碳酸饮料

在常温、阴凉的地方避光保存，或放置冰箱内冷藏贮存。一般碳酸饮料横放和立放都可。

（二）储存果汁饮料

未经杀菌处理或添加防腐剂的果汁，制作完成后立即冷冻保存，当天应该使用完毕。按每天的用量，提前将浓缩汁从冷冻室移到冷藏柜备用。

（三）储存咖啡和茶叶

咖啡和茶叶应避免潮湿、氧化和高温，保存在阴凉干爽的环境中，有些绿茶还要进行冷藏保存。同时应该严禁与味重的物品摆放在一起。咖啡不能研磨成粉后进行保存，应该以新鲜豆子的形式密封保存。

（四）储存葡萄酒

葡萄酒容易受温度的影响，应存放在阴凉、避光的空间里。温度保持在10~14℃。为了防止软木塞受潮霉变或酒标变色、脱落，同时避免长期受自然光线照射而引起酒液变质混浊、酒色变色，应使储存环境相对干燥、通风和避光。葡萄酒极易受震动的影响，造成酒品质量下降，因此，储存空间应防止震动。葡萄酒容易被空气氧化而变质，因此，存储葡萄酒需把酒瓶平放在酒架上，让软木塞与酒液充分接触。

图 1-64 酒架上的葡萄酒

（五）储存啤酒

啤酒需要冰镇后饮用，从仓库拿出后应先放雪柜冰镇。啤酒不能冷冻保存。冷冻的啤酒不仅不好喝，而且冷冻会破坏啤酒的营养成分。另外在过度冷冻中，由于体积膨胀造成瓶内气压上升，易发生瓶子爆裂。

（六）储存烈酒

烈酒开瓶后，随手将瓶塞盖紧，酒瓶竖立式存放。烈酒不要冰冻，以常温保存为宜。

图 1-65 常温保存的烈酒

（七）储存小吃

小吃包装好后，应放在阴凉干燥的通风处，并远离水管及化学药剂。小吃应防止虫、鼠的接触，以免传播细菌。小吃应按规定货架贮存，便于保持干净、卫生。所有小吃要注明进货日期，按照先存先取原则存放。面包在酒吧通常用来做法式烤面包、面包布丁或三明治，因它很容易失去水分而变干，所以应密封后存放在冰箱里。

（八）储存水果

新鲜水果应放在冷藏箱内，使用前要彻底清洗。一切新鲜水果应用柠檬酸来浸泡，以保持水果的新鲜和防止其氧化变黑。罐装水果未开盖时可在常温下贮存，开罐后容易变质，应将用过的密封后放在冷藏箱或冰箱里储存，一般不要超过三天。

图 1-66 冷藏水果

（九）储存鸡尾酒辅助材料

蛋、奶等是调制鸡尾酒最常用的辅助用品，这些用品最容易腐败变质，应贮存在 0~7℃的冰箱内，禁止与其他异味食品储存在一起。

图 1-67 鲜奶的冷藏保存

三、调拨与控制原材料

（一）补充酒水

将领回来的酒水分类堆好，需要冷藏的如啤酒、果汁等放进冷柜内。补充酒水一定要遵循先进先出的原则，即先领用的酒水先销售使用，先存放进冷柜中的酒水先卖给客人，以免因酒水存放过期而造成浪费。

（二）酒水记录

为便于成本核算以及防止失窃现象，需要一本酒水记录簿（Bar Book）。上面清楚地记录酒吧每日的存货、领用酒水、售出数量、结存的具体数字。

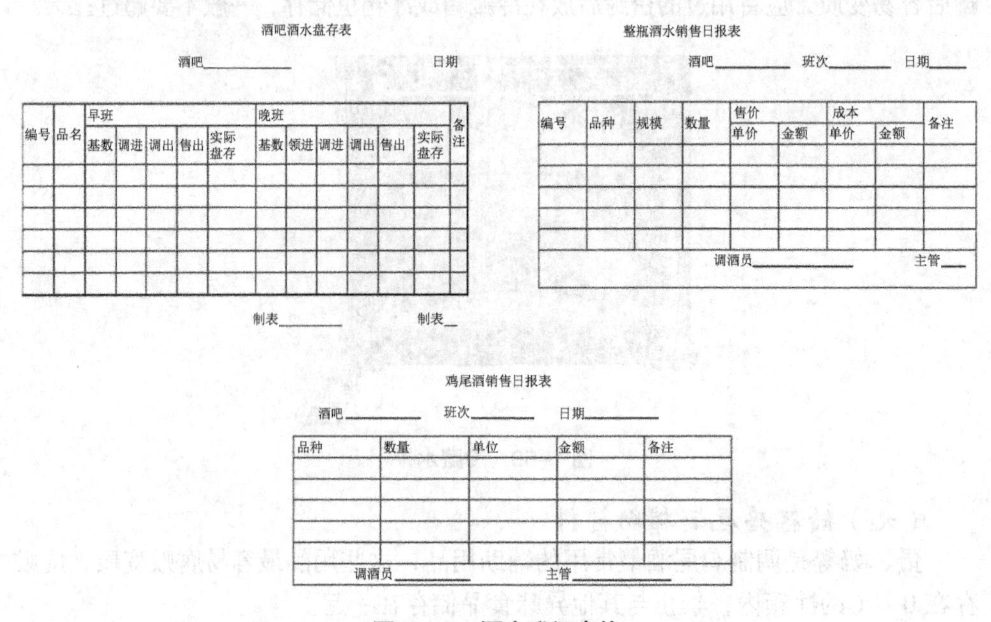

酒吧酒水盘存表

酒吧________ 日期

编号	品名	早班					晚班						备注
		基数	调进	调出	售出	实际盘存	基数	领进	调进	调出	售出	实际盘存	

制表________

整瓶酒水销售日报表

酒吧________ 班次________ 日期____

编号	品种	规模	数量	售价		成本		备注
				单价	金额	单价	金额	

调酒员________ 主管____

制表__

鸡尾酒销售日报表

酒吧________ 班次________ 日期________

品种	数量	单位	金额	备注

调酒员________ 主管________

图 1-68 酒水登记表格

（三）酒吧摆设

主要是瓶装酒的摆设和酒杯的摆设。摆设要遵循几个原则，即美观大方，有吸引力，方便工作和专业性强。酒吧的气氛和吸引力往往集中在瓶装酒和酒杯的摆设上。摆设要让客人一看就知道这是酒吧，是喝酒享受的地方。

图 1-69 摆放酒水

酒杯的摆设可分为悬挂与摆放两种。悬挂酒杯主要是为了装饰酒吧气氛，酒杯一般不使用，因为拿取不方便；必要时，取下后要擦净再使用。摆放在工作台位置的酒杯，要方便操作，加冰块的杯（柯林斯杯、平底杯）放在靠近冰桶的地方，不加冰块的酒杯放在其他空位，啤酒杯、鸡尾酒杯可放在冰柜冷冻。

图 1–70　杯架

（四）调酒准备

从制冰机中取出冰块，并将装满冰块的桶放进工作台上的冰块池中；没有冰块池的，可用保温冰桶装满冰块盖上盖子放在工作台上。

配料如李派林喼汁、辣椒油、胡椒粉、盐、糖、豆蔻粉等放在工作台前面，以备调制时取用。鲜牛奶、淡奶、菠萝汁、番茄汁等，打开罐装入玻璃容器中，存放在冰箱中。橙汁、柠檬汁稀释后再倒入瓶中备用。其他调酒用的汽水也要放在伸手拿得到的位置。

橙角预先切好，与樱桃穿在一起摆放在碟子里备用，面上封上保鲜纸。从瓶中取出少量咸橄榄放在杯中备用。取出红樱桃，用清水冲洗后放入杯中备用。柠檬片、柠檬角也要切好排放在碟子里，用保鲜纸封好备用。以上几种装饰物都放在工作台上。

图 1–71　配料准备

酒杯消毒后，按需要放好。工具用餐巾垫底排放在工作台上，量杯、酒吧匙、冰夹要浸泡在干净水中。杯垫、吸管、调酒棒和鸡尾酒签也放在工作台前。

（五）更换棉织品

酒吧使用的棉织品有两种：餐巾和毛巾。毛巾是用来清洁台面的，要湿用；餐巾（镜布、口布）主要用于擦杯，要干用，不能弄湿。棉织品都只能使用一次清洗一次，不能连续使用而不清洗。每日要将脏的棉织品送到洗衣房清洗。

小贴士

吧台人员在实际工作开始前，一定要做好充分的物品和设备准备，并做好盘点工作，这样才能在营业中提高工作效率，为客人提供更多的服务。

技能评价

实操项目	序号	内 容	具 体 指 标	评判结果			
				优	良	合格	不合格
辨识酒水及其他原材料	1.1	看酒水的瓶口	（1）正确拿取酒瓶 （2）观察细致，正确描述				
	1.2	看酒瓶正面商标	（1）观察细致，获取信息正确 （2）能详细正确地描述信息				
	1.3	看酒瓶背面商标	（1）阅读认真，获取信息完整、准确 （2）能详细流利地描述信息				
	1.4	观察酒色	（1）能详细流利地描述信息 （2）具有个人风格				
存储与摆放原材料	2.1	看咖啡豆	（1）能区分好坏豆子 （2）能准确表述咖啡豆的产地和品种 （3）能确定咖啡豆的烘焙程度				
	2.2	闻咖啡豆	（1）能说出咖啡豆的香气 （2）能通过香气分辨咖啡豆的新鲜度				
	2.3	压咖啡豆	（1）能辨别咖啡豆的新鲜度 （2）能区分咖啡豆的烘焙程度				

续表

实操项目	序号	内　容	具　体　指　标	评判结果			
				优	良	合格	不合格
存储与摆放原材料	2.4	观咖啡豆的颜色	（1）能准确描述咖啡豆的色泽 （2）能通过色泽描述咖啡豆的味道 （3）能区分咖啡豆的好坏				
	2.5	小吃的储存	（1）选择适当的存储空间 （2）存储温度适宜 （3）能做到先存先取				
	2.6	水果的储存	（1）选择适当的存储空间 （2）存储温度适宜 （3）能做到先存先取				
	2.7	鸡尾酒辅助用品的储存	（1）选择适当的存储空间 （2）存储温度适宜 （3）能做到先存先取				
调拨与控制原材料	3.1	查看酒水供应单	（1）及时查看供应单 （2）礼貌地告知客人稍等				
	3.2	填写酒水调拨单	（1）填写准确，清晰明了 （2）字迹工整				
	3.3	签调拨单	（1）签名清晰准确 （2）责任清晰到位				
	3.4	送调拨单	准确送单				
	3.5	领取酒水	照单正确领取酒水				
	3.6	决定酒水销售形式	（1）能准确照单决定酒水销售形式 （2）准确填写零杯销售、整瓶销售、混合销售三种形式的销售日报表				

课后作业及活动

一、填空题

1. 酒吧文化的两大支柱是指__________。

2. 酒吧的核心部分是_________。

3.18~19 世纪，酒吧业是随着__________而繁荣发展起来的。

4. 酒吧服务功能区中最能体现酒吧个性、品位和主题文化特色的区域是__________。

5. 酒吧装饰用具包括_________等。

二、单项选择题（把选项填在括号内）

1. 摇酒杯属于（　　）。

A. 酒吧设施　B. 酒吧服务用具　C. 酒吧装饰用具　D. 饮料服务工具

2. 为客人提供如台球、飞标、按摩、卡拉 OK 等娱乐活动的区域是（　　）。

A. 吧台区　B. 主题活动区　C. 座位区　D. 娱乐活动区

3.（　　）不属于酒吧的饮料服务工具。

A. 装饰叉　B. 启瓶罐器　C. 开塞钻　D. 服务托盘

4. 酒吧常用的杯具大多数是用玻璃和（　　）制成的。

A. 水晶　B. 水晶玻璃　C. 有机玻璃　D. 陶瓷

5. 希波杯属于（　　）。

A. 矮脚杯　B. 高脚杯　C. 平底无脚杯　D. 郁金香形直身杯

三、判断题（对的在括号内打“√”，错的在括号内打“×”）

1. 酒吧起源于欧洲大陆，发展在美洲大陆。（　　）

2. 洗手槽、冰杯柜、洗杯槽、沥水槽、杯刷都属于吧台用具。（　　）

3. 酒吧的杯具要求无杂质、无刻花、无印花、无色透明，杯体厚重，光泽晶莹、透亮。（　　）

4. 上海酒吧以情调迷人吸引着中外顾客。（　　）

5. 酒吧就是在舒适和创意的环境中，提供酒类及各种饮料服务的场所。（　　）

6. 酒吧不同的酒用不同形状的杯，不同的饮品用杯的大小容量也不同。（　　）

7. 酒吧中的服务托盘既可用于端托饮品，也可用于向客人呈递账单。（　　）

模块二　葡萄酒与烈酒服务

葡萄酒与烈酒是酒吧提供的常用酒类，客人点的频率也比较高。因此，对葡萄酒和烈酒作介绍，并根据酒的具体情况为客人提供规范的酒水服务，是酒吧员工的主要工作内容。

本模块将重点介绍葡萄酒、白兰地和威士忌的基本知识，包括分类、特点、品鉴要求等。

学习目标

◆能描述葡萄酒、白兰地和威士忌的分类及其基本特点，并进行适当的产品介绍和推销；

◆能根据葡萄酒、白兰地和威士忌的具体情况进行酒水服务前的准备工作；

◆能清晰描述葡萄酒、白兰地和威士忌的基本口感特点，引导客人进行葡萄酒、白兰地和威士忌的品鉴；

◆能提供规范的葡萄酒、白兰地和威士忌的酒水服务。

项目一 葡萄酒服务

作为一种国际性的酒精饮料，葡萄酒拥有悠久的历史和强大的文化影响力。同时，葡萄酒的种类繁多，其风格与口感也非常多元化，在世界各地都有很多的拥趸和爱好者。因此，酒吧中一般都会有葡萄酒供应。

图 2-1 葡萄酒摆拍

基础知识

关于葡萄酒的起源，众说纷纭。史学家多认定是 1 万年前从古波斯和古埃及流传到希腊的克里特岛，再流传到意大利的西西里岛、法国等地的。

迄今为止，较为一致的观点是，葡萄酒是大自然的产物，而非人类的发明创造，人们只是发现了这一美妙的结果而已。随着秋天的来临，葡萄果粒成熟后自然落到地上，果皮破裂，渗出的果汁与果皮上的酵母菌接触，发酵过程随即开始启动，最早的葡萄酒就产生了。我们的远祖尝到这自然的产物，于是开始模仿大自然生物本能的酿酒过程，不断地进行革新和改良，产生了现代意义上的葡萄酒产业。因此，从现代科学的观点来看，葡萄酒的起源经历了一个从自然酒到人工造酒的过程。

一、葡萄酒的新旧世界

人们通常将葡萄酒产国分为新世界和旧世界两种。新世界指的是葡萄酒的酿造历史比较短的国家，如美国、澳大利亚、新西兰、智利及阿根廷等葡萄酒的新兴产国。旧世界则指有百年以上酿酒历史的传统国家，以欧洲国家为主，如法国、德国、意大利、西班牙和葡萄牙等国。

相比之下，欧洲种植葡萄的历史更加悠久，绝大多数葡萄栽培和酿酒技术都诞生在欧洲。同时，新世界的葡萄酒倾向于工业化生产，不锈钢槽发酵、电脑控温、金属螺旋瓶塞等在新世界产国非常普遍；旧世界的葡萄酒虽然也采用一些现代化的酿造工艺，但更倾向于手工酿制，现在仍有一些欧洲的顶级名庄采用手工采摘或手工转瓶来保持其传统特色。

二、葡萄品种的分类

葡萄是世界上栽培最早、分布最广、栽培面积最大的果树品种之一。按植物学分类，葡萄属于多年生落叶藤本植物。欧洲有文字记载的葡萄栽培历史有5000多年。在长期的栽培实践中，人类通过选种和育种，不断培养出新品种。现在欧洲葡萄的品种已有5000多个，通称欧亚种，按照其皮肉的颜色可分为白葡萄品种、红葡萄品种和染色葡萄品种。

白葡萄品种的颜色并不是白色的，它可以有青绿色、黄色等多种浅色，主要特征为葡萄皮和葡萄果肉中均没有红色色素。白葡萄用于酿制气泡酒及白葡萄酒。常见的白葡萄有霞多丽（Chardonnay）、长相思（Sauvignon Blanc）、雷司令（Riesling）和赛美蓉（Semillon）等。

红葡萄品种的颜色也并不是只有红色，它还有黑色、蓝紫色、紫红色、深红色等多种深色，主要特征为葡萄皮中含有色素，但果肉中不含有色素。红葡萄用来酿制红葡萄酒，去皮榨汁后也可用于酿造白葡萄酒。常见的红葡萄有赤霞珠（Cabernet Sauvignon）、梅乐（Merlot）、黑比诺（Pinot Noir）、西拉（Syrah）等。

染色葡萄品种与红葡萄品种的区别在于，葡萄皮和葡萄果肉中均含有色素，因此只能用来酿制红葡萄酒。染色品种多为野生葡萄，现代化酿酒工业多不种植。

实操任务

一、葡萄酒的分类

根据国际葡萄与葡萄酒组织 (OIV) 的规定，葡萄酒只能是破碎或未破碎的新鲜葡萄果实或葡萄汁经完全或部分酒精发酵后获得的饮料，其酒度不能低于8.5度。但由于受气候、土壤条件、葡萄品种和一些产区特殊的质量因素或传统的影响，在一些特定的地区，葡萄酒的最低总酒度可降低到7度。葡萄酒的种类繁多，分类方法也不相同。

（一）按葡萄生长来源划分

山葡萄酒是以野生葡萄为原料酿成的葡萄酒。家葡萄酒是以人工培植的酿酒葡萄品种为原料酿成的葡萄酒。

（二）按葡萄酒的颜色划分

白葡萄酒可选择用白葡萄品种酿造，也可采用红葡萄品种进行酿制，但需将皮汁分离，只取其果汁进行发酵。这类酒的色泽可为浅黄带绿、浅黄、禾秆黄、金黄色等多种颜色，颜色过深不符合白葡萄酒对色泽的要求。

红葡萄酒可选择用红葡萄品种或染色葡萄品种酿造，采用皮汁混合发酵，然后进行分离陈酿。这类酒的色泽可为宝石红色、紫红色、石榴红色、深黑色等多种颜色。

桃红葡萄酒可选择红葡萄品种或染色葡萄品种酿造，皮汁短时期混合发酵，达到色泽要求后分离皮渣，之后继续发酵、陈酿。桃红酒的颜色介于红、白葡萄酒之间，色泽为桃红色或玫瑰红、淡红色等颜色。

（三）按葡萄酒中的含糖量划分

干葡萄酒中的糖分几乎已发酵完，每升含糖量低于 4 克，饮用时感觉不到甜味，酸味明显，所以酒更多地表现出葡萄的果香、发酵的酒香和陈酿的醇香。半干葡萄酒每升含糖量 4~12 克，饮用时有微甜感。半甜葡萄酒每升含糖量 12~50 克，饮用时有甘甜感。甜葡萄酒每升含糖量在 50 克以上，饮用时有明显的甜醉感。

（四）按葡萄酒中是否含有二氧化碳划分

静态葡萄酒简称静酒，为不含二氧化碳的葡萄酒。这类酒是葡萄酒的主流产品，酒精含量占 8%~13%。静酒又称无气泡葡萄酒，这是由于葡萄汁在酿制过程中不产生二氧化碳气体。依其葡萄品种和酿制方式的不同，又分为白酒、红酒和桃红酒。

图 2–2　静酒和汽酒

汽酒为含二氧化碳的葡萄酒，又可称为起泡酒或气泡酒。依据其气泡的来源可分为天然汽酒和人工汽酒两种。法国香槟地区出产的香槟酒是汽酒中的佼佼者。

二、葡萄酒服务

葡萄酒的世界之所以丰富多彩，是因为拥有不同特性和类别的葡萄酒，正所谓“一花独放不是春，百花齐放春满园”。不论是清爽怡人的白葡萄酒，还是颜色粉嫩可爱的桃红酒，又或者浓郁丰厚的红葡萄酒，以及口感圆润醇厚、香气扑鼻的甜白葡萄酒，每一样都能让你体会到葡萄酒的不同面貌和美丽。而不同的葡萄酒的侍酒服务是不同的，其品饮温度、所用酒杯及口感特点各不相同，这就要求我们能够根据葡萄酒的不同种类提供相应的葡萄酒服务。

（一）辨识葡萄酒酒杯

酒杯虽然不会改变酒的本质，但是通过合适杯形的引导，酒液可以流向舌头上适当的味觉区域，从而决定其香气、口感等，进而对酒的结构与风味的最终呈现产生影响。同时，酒杯的大小也会影响到酒的香气及强度，而且各种各样、充溢着艺术设计美感的葡萄酒杯不仅可以满足人们品尝葡萄酒的实用方面的需求，也从感官上带给人们极大的精神享受。

1. 红葡萄酒杯

图 2-3 波尔多型红葡萄酒杯（左）与勃艮第型红葡萄酒杯（右）

红葡萄酒杯要比白葡萄酒杯大。因为与白葡萄酒相比，红葡萄酒更需要在和空气的接触中慢慢苏醒，通过氧化让口感变得更加柔和。同时，大的杯肚还可以充分地晃动酒杯又不至于让酒溅出来。

2. 白葡萄酒杯

白葡萄酒杯杯肚和杯身都比红葡萄酒杯小一些。这主要是因为白葡萄酒不像红葡萄酒那样需大面积的空气氧化，较小面积的空气接触就能令其散发芳香，较小的杯口也容易聚集香气，不至于让香气消散得太快。同时，白葡萄酒饮用时温度较低，一旦从冷藏的酒瓶中倒入杯中，其温度会迅速上升，采用小杯更有利于保持低温。

图 2-4 白葡萄酒杯

图 2-5 起泡酒杯

3. 起泡酒杯

起泡酒杯又被称为香槟酒杯。起泡酒杯拥有优雅美丽的外观，但高雅的外观造型下其实隐含着最实用主义的考虑。起泡酒杯拥有细长的杯身，这主要是为了观赏绵延不绝升起的气泡，杯沿向内收拢则是为了聚集香气。常见的圆形呈碗状的起泡酒杯多在喜庆或宴会等场合时用来堆叠香槟塔，但不适合作为一般饮用起泡酒时的选择。

（二）掌握葡萄酒的侍酒温度

侍酒温度对于葡萄酒的品尝具有非常重要的影响，不同的葡萄酒的品尝温度是不同的，理想的侍酒温度会让葡萄酒的香气和口感更加完美地发挥出来。因此，在进行葡萄酒服务时，专业侍酒师的第一要点在于，根据每一款葡萄酒的特性为其选择合适的侍酒温度。

1. 红葡萄酒的侍酒温度

红葡萄酒的侍酒温度为 12~20℃。温度过高，会让红葡萄酒中的酚类物质氧化速度过快，香气挥发太快，失去其应有的强劲口感及独特的芳香和风味；温度过低，则会让口感偏涩，香气也较为封闭。

依据葡萄酒的具体情况，不同红葡萄酒的侍酒温度也有所不同。酒体轻盈、果味浓郁的红葡萄酒侍酒温度较低，为 13℃左右；中等酒体的红葡萄酒侍酒温度略高，为 16℃左右；酒体醇厚、陈年的红葡萄酒的侍酒温度则可以适当更高一些，为 17~20℃。

2. 白葡萄酒的侍酒温度

相对于红葡萄酒的侍酒温度而言，白葡萄酒的侍酒温度要低一些，这主要是为了突出白葡萄酒中的酸度。白葡萄酒的侍酒温度为9~13℃。其中，酒体饱满或经过橡木桶陈酿的浓郁型白葡萄酒的侍酒温度稍高，为11~13℃，与桃红葡萄酒的侍酒温度相当；中低酒体的清爽型的白葡萄酒的侍酒温度偏低一些，为9~11℃。

3. 起泡酒的侍酒温度

由于起泡酒中含有气泡，为了让气泡有更好的表现以及突出气泡口感带来的刺激和清爽，起泡酒的侍酒温度比白葡萄酒要更低一些，一般为8~10℃。根据起泡酒中含糖量的不同，干型起泡酒的侍酒温度高于甜型起泡酒。

4. 甜酒的侍酒温度

由于糖分含量高，甜型葡萄酒的侍酒温度最低，这主要是为了让酸度有更好的表现从而不至于让酒显得甜腻。一般而言，甜酒的侍酒温度为6℃左右。

（三）进行葡萄酒的侍酒服务

1. 备酒

备酒是指根据客人在酒单上所点的酒来准备相应的酒水并将酒水的温度调整到适合饮用的侍酒温度。备酒主要包括准备酒水和准备其他服务需要的物品，如酒杯、冰桶、冰块、餐巾布等。

图 2–6 备酒服务

2. 示酒

在开瓶前，侍酒师必须首先确保客人认可酒水的现有状态，因此会通过示酒的三个环节，即酒标确认、开瓶以及试酒，来确保酒水的质量。

用干净的餐巾布包住葡萄酒，左手托住瓶身底部，右手握住瓶颈，将正标朝上，确保客人可以清楚地阅读酒标，以便确认酒水无误。之后，侍酒师会在客人的面前开启葡萄酒，并将开启后的软木塞呈递给客人，由客人检查软木塞完好无损且无异味。最后，侍酒师将开启之后的葡萄酒斟倒少量入客人的酒杯，请客人品尝确认无误之后，再开始进行下一轮的服务。

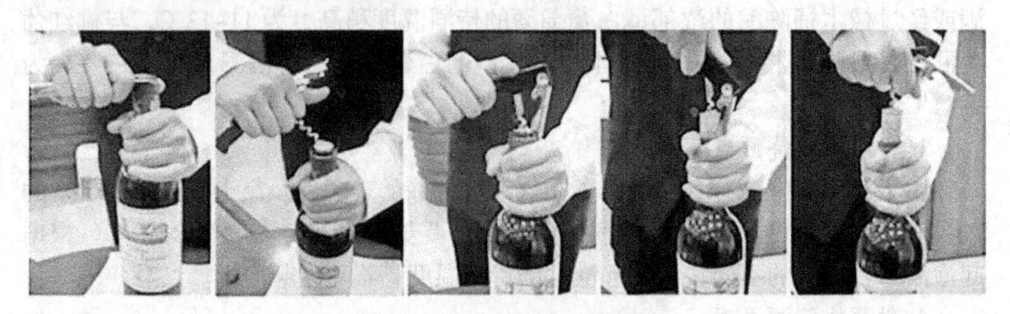

图 2–7　使用海马型开瓶器

3. 醒酒

醒酒就是人们在饮用红葡萄酒之前预先将酒打开，使其与空气接触，方便香气散发出来，以及除去酒中的还原怪味，并帮助葡萄酒中的单宁氧化，降低涩味，使口感更柔和。英文称之为“Decant”，中文形象地翻译为“醒酒”。

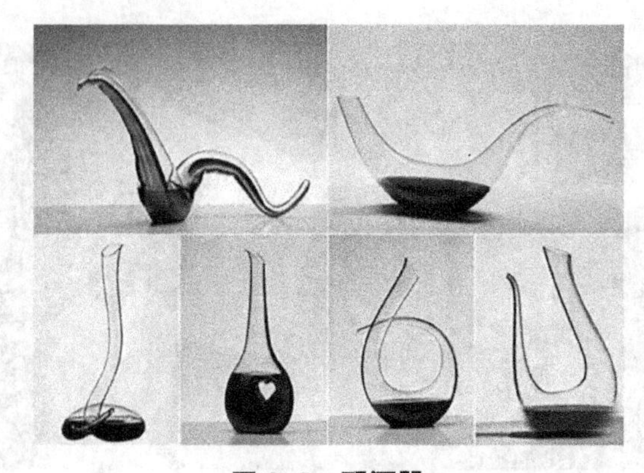

图 2–8　醒酒器

在饮用之前将红葡萄酒提前开瓶之后放置，是一种最简单的醒酒方式；但是狭窄的瓶口使葡萄酒和空气接触的面积非常小，即使提早几小时开瓶，所产生的效果也非常有限。因此，如果确定一瓶葡萄酒需要醒酒，现在更常用的方式是，将其倒入醒酒器中。醒酒器通常有较宽的腰身，可以让葡萄酒与空气接触的面积大增，以达到让酒苏醒过来的目的。如果身边没有醒酒器，将酒直接倒入杯中也是醒酒的一种方式。

4. 斟酒

侍酒师根据先宾后主、先女后男的原则，为客人进行斟倒葡萄酒的服务。侍酒师右手持酒瓶的下半部分、左手拿一块干净的白色餐巾布，站在客人的身后为其斟酒。其中，红葡萄酒的斟酒分量为1/2，白葡萄酒的斟酒分量为1/3，起泡酒的斟酒分量为2/3，并随时注意为客人续酒。

图 2-9 斟酒动作

三、葡萄酒与菜式的搭配

美酒和美食向来都是连在一起的，如何根据两者的特点进行适当的搭配却是非常有学问和讲究的事情。如果搭配得当，美食美酒将相得益彰，为人们带来更加和谐美妙的享受；但如果搭配不当，则有可能抵消或掩盖其各自的优点与特色，徒然浪费美酒和美食。

图 2-10 葡萄酒与美食

（一）葡萄酒是佐餐酒

在酒的世界里，葡萄酒是最适合佐餐的酒。各具特色的葡萄酒为美食提供了多种可能性，使得基本上每款菜都能找到适合搭配的葡萄酒。葡萄酒可以提升菜肴的美味程度，让人们得到更高层次的享受。葡萄酒的酒精度一般为 8 ~ 14 度，酒精度适中，而一些烈酒酒精度一般都在 40 度以上；过高的酒精度会麻痹味蕾，从而影响人们对于美食的味觉体验。葡萄酒中含有的一些成分，如单宁或酸，能与食物中的成分进行更好的结合，使得食物更加好吃。如白葡萄酒中的酸能开胃且能去除海鲜中的腥味，红葡萄酒中的单宁则有助于蛋白质的消化。另外，葡萄酒本身的美味也会为人们带来更多的享受。

（二）葡萄酒与菜式搭配的基本原则

葡萄酒与菜式之间的搭配讲究的是平衡协调，俗话说“红酒配红肉，白酒配白肉”，基本原则是清淡的葡萄酒搭配清淡的菜，浓郁的葡萄酒搭配浓郁的菜，让两者相互促进，而不是让某一方面过于突出，这样才能让酒与菜相互提升、相得益彰，从而给人们带来更多的享受。除了要看菜式的原材料之外，还要看烹饪的方式和所用的作料，综合考虑这些因素之后根据菜式的总体风格来确定所配的葡萄酒。比如，同样都是以鱼作为原料，但清蒸鱼、红烧鱼和水煮鱼所配的葡萄酒就会完全不同。

1. 酒体

酒体是指葡萄酒在口中的总体感觉。从轻到重来描述，酒体一般有轻、中轻、中等、中重、重等几个等级。影响酒体的因素有酒精度、单宁、干浸出物、酸度等，而不同的葡萄品种所酿出来的酒的酒体也会有较大的差别。如白葡萄品种中的长相思、雷司令所酿出的酒的酒体一般较轻，红葡萄品种中的赤霞珠、西拉所酿出来的酒的酒体一般较重。

图 2-11　红酒配红肉

在进行酒菜搭配的时候，首要的考虑因素就是食物在口中的总体感觉与酒体的搭配程度，较重的食物优先考虑搭配酒体较重的葡萄酒，如浓郁厚重的红葡萄酒。这里所说的较重的食物是指食物的原材料特性和烹饪方式，如野味、熏肉和红烧的肉类等就属于较重的菜式。而清淡的白肉和海鲜，比如白切鸡、白灼虾等则搭配酒体较轻的酒，如优雅细致的白葡萄酒、轻酒体的红葡萄酒等。

图 2-12 鱼类配白酒

2. 味道

菜式会有各种各样的味道，葡萄酒也一样。味觉方面最主要的味道有咸、酸、甜、苦、辣，而这些味道彼此之间又会相互影响。所以在对葡萄酒和菜式进行搭配的时候，味道之间的匹配也是要考虑的重要因素之一。葡萄酒中的甜味可以提升咸味食物的境界，降低食物中的咸味和苦味。带酸味的食物可以选择具有同样酸度的葡萄酒。葡萄酒的酸味可以平衡食物的油腻，对于油腻的菜肴我们可以选择搭配酸度较高的葡萄酒。对于辣味的菜式，最好不要采用比较好的葡萄酒来搭配，因为辣味会使味蕾降低对甜度的感知，从而掩盖掉葡萄酒中细腻的一面。辛辣的菜式如果要搭配葡萄酒，可以选择陈年不久、葡萄成熟度较高的酒。

3. 风格与香气

除了酒体和味道方面的匹配之外，在葡萄酒与菜式的搭配方面也要考虑两者香气和风格的匹配，主要有相近和相对两种观点。相近观点认为，葡萄酒与所搭配的菜式不论在香气还是风格上都要统一，如用带有巧克力香气的红葡萄酒来搭配巧克力；相对观点则正好相反，主张酒与菜要形成对比，如风格简单的酒可以搭配一款复杂的菜式，复杂的酒则建议搭配简单的菜式。

小贴士

对于带有甜味的食物，可以选择与之甜度相当或稍甜的葡萄酒，这样酒中的酸能让食物甜而不腻，如甜白葡萄酒就是餐后甜品的理想搭档，如将阿根廷门多萨神猎者霞多丽干白葡萄酒与餐后水果甜点进行搭配。

图 2–13　甜酒搭配点心

红葡萄酒通常拥有较浓郁的口味和丰厚的单宁，这些丰富的单宁可以软化蛋白质，使肉质更柔嫩，因此这种酒可以和烤肉搭配。如果选择干露酒厂红魔鬼卡赤霞珠干红葡萄酒，则可以搭配烧烤。澳大利亚奔富洛神山庄梅鹿辄干红葡萄酒可以搭配中国传统的红烧肉。

图 2–14　烧烤与干红葡萄酒

图 2–15 红烧肉与干红葡萄酒

技能评价

实操项目	序号	内 容	具 体 指 标	评判结果			
				优	良	合格	不合格
介绍葡萄酒	1.1	介绍产区	简洁明了地说明了产区				
	1.2	介绍品种	简洁明了地说明了品种				
	1.3	介绍类型	简洁明了地说明了葡萄酒的类型				
	1.4	介绍风格与服务方式	简洁明了地说明了葡萄酒的总体风格和服务方式				
	1.5	回答客人提问	（1）面带微笑，使用适当服务用语 （2）有针对性地回答客人提出的问题				
葡萄酒服务	2.1	斟酒前的准备工作	（1）将白葡萄酒的温度调整到 6~12℃，将红葡萄酒的温度调整到 12~18℃，将起泡酒的温度调整到 8~10℃ （2）服务白葡萄酒选择白葡萄酒杯，服务红葡萄酒选择红葡萄酒杯，服务起泡酒选择起泡酒杯				
	2.2	开瓶	开瓶姿势规范、优雅、利落				
	2.3	试酒	在客人杯中倒入 1/5 左右的葡萄酒，请客人试酒				

续表

实操项目	序号	内 容	具 体 指 标	评判结果			
				优	良	合格	不合格
葡萄酒服务	2.4	斟酒	（1）白葡萄酒斟倒 1/3 （2）红葡萄酒斟倒 1/2 （3）起泡酒斟倒 2/3				
	2.5	观色	使用规范的语言来描述葡萄酒的颜色和澄清度				
	2.6	闻香	使用规范的语言来描述葡萄酒香气的状态、浓郁度和种类				
	2.7	品味	使用规范的语言来描述葡萄酒口感的甜度、酸度和酒体等				
	2.8	评价	使用规范的语言来评价葡萄酒				

项目二　烈酒服务

图 2–16　部分烈酒展示

烈酒又被称为蒸馏酒，是指将含糖分或淀粉等的原料，经糖化、发酵、蒸馏而成的酒。蒸馏酒是一种酒精含量较高的饮料。目前世界上著名的蒸馏酒有六大类，即金酒 (Gin)、威士忌 (Whiskey)、白兰地 (Brandy)、伏特加 (Vodka)、朗姆酒 (Rum)、特基拉酒 (Tequila) 。中国白酒也属于蒸馏酒。

基础知识

一、白兰地

白兰地是英文 Brandy 的译音，它是一种以水果为原料，经发酵和蒸馏制成的酒。通常意义上的白兰地用葡萄作为原料，如果以其他水果作为原料，则常在白兰地的前面加上水果的名称，如樱桃白兰地、苹果白兰地等。

作为一种较为常见的烈酒，白兰地不仅是调制鸡尾酒的六大基酒之一，而且作为净饮也拥有众多的爱好者。因此，酒吧的酒水单上也常出现白兰地的身影。作为中国人比较熟悉的西方烈酒之一，白兰地拥有较长的历史，它的出现虽有偶然的因素，但也存在着一定的必然性，反映了人类丰富的想象力与创造力。

（一）白兰地的诞生

白兰地在荷兰语中是“烧焦的葡萄酒”之意，这其中还有一个有趣的历史故事，可以帮助我们了解白兰地是如何产生的。

图 2–17 橡木桶

13 世纪，荷兰船只到法国沿海运盐，并将法国科尼亚克（Cognac，又译作“干邑”）地区盛产的葡萄酒运至北海沿岸国家进行销售，这些葡萄酒深受当时的权贵阶层的欢迎。至 16 世纪，葡萄酒产量的增加及海运的时间过长，使法国葡萄酒变质、滞销。为了解决葡萄酒因酒精度较低而变质的问题，聪明的荷兰商人将葡萄酒经过蒸馏加工成酒精度较高的烈酒，这样的蒸馏酒不仅不会因长途运输而变质，反而由于浓度高使运费大幅度降低，葡萄蒸馏酒销量逐渐大增，这就是最初白兰地的雏形。后来，荷兰人在法国夏朗德地区所设的蒸馏设备逐步被改进，法国人开始掌握蒸馏技术，并将其发展为二次蒸馏法，但这时的葡萄蒸馏酒为无色，也就是现在被称为原白兰地的蒸馏酒。

18 世纪初，法国卷入一连串的战争，如 1702 年的西班牙王位继承战争。在此期间，葡萄蒸馏酒销路大跌，大量存货不得不被暂时存放于橡木桶中。然而，正是由于这一偶然事件，产生了现在的白兰地。战争结束后，人们发现储存于橡木桶中的白兰地酒质比起之前更加高，香醇可口，芳香浓郁，颜色也变成了琥珀般的金黄色。

至此，现代意义上的白兰地诞生了，发酵、蒸馏和橡木桶贮藏也成为白兰地生产工艺的三大核心。

（二）白兰地的等级

与葡萄酒注重年份不同，最好的白兰地基本上都是由许多种不同酒龄的白兰地勾兑而成的。是否勾兑、如何勾兑，这是各家白兰地酿酒厂的秘密，也是酿酒师的工作中技术含量最高的部分，是几十年工作经验的累积，没有公式可以照搬，主要依赖酿酒师的经验与感悟。因此可以说，相比技术加工，白兰地的酿制更像是一个艺术加工的过程。

图 2-18 V.S.O.P 白兰地

为了保护白兰地的市场声誉及品质，法国政府对白兰地规定了三个等级，以勾兑中所使用的最年轻的白兰地在橡木桶中的陈年期来进行划分，分别是三星、V.S.O.P 和 NAPOLEON。其中，三星是指勾兑所使用的最年轻的白兰地在橡木桶中的陈年期必须超过两年半；V.S.O.P 是指勾兑所使用的最年轻的白兰地在橡木桶中的陈年期至少在四年半以上；NAPOLEON 是指勾兑所使用的最年轻的白兰地在橡木桶中的陈年期至少在六年半以上。有些更加严格的酒厂还有如 XO、EXTRA 等级别，均是桶中陈年期更长的，这是酒商自己的等级标准，每家会有所不同。

（三）白兰地的主要品牌

白兰地的产区很多，但谈到高质量的白兰地，非法国干邑（Cognac）地区莫属。

法国干邑地区以生产享誉全球的优质白兰地而闻名，同时也是白兰地的起源地。现在的干邑已经变成一个专有名词，只有采用来自法国干邑地区的葡萄作为原料，并以铜制蒸馏器经过双重蒸馏且在法国橡木桶中存放至少两年的酒才能被称作干邑。顶级的白兰地品牌多来自干邑产区，这里聚集了众多世界级的干邑公司，代表了白兰地的最高水平。

（1）马爹利（Martell）。创立于1715年，来自法国干邑产区，是中国知名度最高的干邑品牌之一，也是世界上最古老的白兰地酒厂之一。

（2）人头马（Remy Martin）。始于1724年，由位于法国干邑地区270多年历史的雷米·马丹（Remy Martin）公司所生产，其广告词“人头马一开，好事自然来”在中国市场脍炙人口。

（3）轩尼诗（Hennessy）。始于1765年，是源自法国的世界著名白兰地品牌，全球领先的特级干邑品牌，属于世界最大的精品集团——法国LVMH集团所有。

图2-19 干邑著名品牌

（4）拿破仑（Courvoisier）。始于1790年，世界顶级的干邑品牌之一。

（5）卡慕（Camus）。始创于1863年，由法国著名干邑白兰地酿造企业生产，世界干邑顶级品牌。

二、金酒

（一）金酒的起源

金酒(Gin)因含特殊的杜松子香味又叫杜松子酒。金酒的蒸馏生产源于1660年的荷兰，一位名叫西尔维亚斯(Sylvius)的教授发现杜松子有利尿作用，于是他将杜松子浸泡在酒精中，然后蒸馏成一种含有杜松子成分的药用酒。由于这种酒还具有健胃、解热等功效，投入市场后一下子引起了消费者的兴趣，受到了广泛好评。17世纪，杜松子酒由英国海军带回伦敦，很快就在伦敦打开了市场，很多制造商蜂拥而至，开始大规模生产杜松子酒，并在名称上作相应改变，称为“Gin”。随着生产的不断发展和蒸馏技术的进一步普及与提高，英国金酒逐渐演变成一种与荷兰杜松子酒口味截然不同的清淡型烈性酒。

图 2-20　杜松子

金酒是用谷物酿制的中性酒，其生产原料为玉米、大麦和杜松子。金酒不用陈酿。金酒香气和谐，口味协调，醇和温雅，酒体洁净，具有清爽的风格。金酒的香味主要来源于杜松子。

（二）金酒的主要种类

1. 伦敦干金酒

伦敦干金酒 (London Dry Gin) 泛指那些清淡型的金酒品种，不仅英国生产，美国等世界其他地方也有生产。这类金酒主要用玉米、大麦和其他谷物制成，生产过程包括发芽、制浆、发酵、三次蒸馏，最后稀释至40度左右装瓶销售。伦敦干金酒无色透明，香味较淡，很受欢迎。目前，伦敦干金酒已成为金酒消费的主流，特别是用于调制鸡尾酒。伦敦干金酒也可以冰镇后纯饮。冰镇的方法很多，如将酒瓶放入冰箱或冰桶，或在倒出的酒中加入冰块。

表 2-1　著名的伦敦干金酒品牌

品牌名称	基 本 风 格 描 述
必富达（Beefeater）	又称为“御林军金酒”“将军金酒”，清新爽快，入口顺畅，大多用来调制马天尼鸡尾酒
哥顿金酒（Gordon’s）	它不仅在英国，而且在全世界都十分有名，是目前最好的金酒

续表

品牌名称	基本风格描述
布斯（Booth's）	又称红狮牌，口味清淡、明快，让人入口难忘
吉利贝（Gilbey's）	我国又称其为钻石金酒，酒体清淡
汤可瑞（Tangueray）	有着干净、轻微的杜松子和草本香气，清冽顺滑，与柠檬和汤力水搭配很佳
蓝宝石（Bombay Sapphire）	有着丰富的杜松子、桉树等的香气，酒体风格强劲，比较适合体现花香和水果鸡尾酒

必富达

哥顿金酒

布斯

吉利贝

汤可瑞

蓝宝石

图 2–21 著名的伦敦干金酒品牌

2. 荷式金酒

荷式金酒 (Geneva) 产于荷兰斯希丹（Schiedam）一带，是荷兰人的国酒。

荷式金酒色泽透明清亮，酒香味突出，香料味浓重，辣中带甜，风格独特，酒度为52度左右。因香味过重，只适合于纯饮，不宜作鸡尾酒的基酒，否则会破坏配料的平衡口味。比较著名的品牌有：亨克斯（Henkes)、波尔斯 (Bols)、波克马 (Bokma)、哈瑟坎坡（Hasekamp)、邦斯马 (Bonsma）等。

三、威士忌

威士忌（Whiskey）一词是“生命之水”的意思。世界著名的威士忌有四种，即苏格兰威士忌 (Scotch Whisky)、爱尔兰威士忌 (Irish Whiskey)、美国威士忌 (American Whiskey)、加拿大威士忌 (Canadian Whisky)。其中，苏格兰威士忌最著名。

（一）苏格兰威士忌

苏格兰威士忌 (Scotch Whisky) 至今已有500多年的历史。苏格兰威士忌源于1494年，其生产原料主要是大麦。十八九世纪，许多威士忌蒸馏者为了逃避政府税收，逃到深山老林中密造私酒。燃料不足，就用泥炭来代替；容器不够，就用西班牙雪利酒的空桶来装；一时卖不出去，就储藏在山间的小屋里。因祸得福，酿出了风味绝佳的威士忌，形成了苏格兰威士忌独特的制作方法，即用泥炭烘烤麦芽和用木桶进行陈酿。

苏格兰威士忌的主产地有苏格兰高地 (Highland)、苏格兰低地 (Lowland)、坎贝尔敦 (Campbel town)、艾莱岛 (Islay)。苏格兰威士忌分为三类，即麦芽威士忌、谷物威士忌和勾兑威士忌。目前，勾兑威士忌是苏格兰威士忌的主流。

苏格兰威士忌和其他蒸馏产品一样有自己独特的风格，世界上其他任何地方都无法仿制，这不仅是因为苏格兰气候独特，而且还由于苏格兰拥有最宜于生产威士忌的水源以及独特的生产方法。苏格兰威士忌可以单独饮用或兑水饮用，最好使用纯正的苏格兰水，如果加冰块或加软饮料饮用则会失去其典型的风格。

苏格兰威士忌色泽棕黄带红，清澈透明，气味焦香，略带烟熏味，口感干冽、醇厚、劲足，酒度为40~43度。著名的品牌见表2-2所示。

表2-2 苏格兰威士忌的主要品牌

品牌名称	基本风格描述
格兰菲迪（Glenfiddich）	纯麦威士忌
百龄坛（Ballantine’s）	在调配威士忌中评价较高
金铃（Bell’s）	苏格兰本地销量最好的威士忌

续表

品牌名称	基 本 风 格 描 述
顺风（Cutty Sark）	具有现代风味的清淡型威士忌，酒性柔和
芝华士（Chivas Regal）	有悠久的生产历史，是一种很豪华的 12 年陈酒
约翰·沃克（Johnnie Walker）	在苏格兰威士忌中销量第一，常见的有红方(Red Lable)、黑方(Black Lable)、金方(Golden Lable)、蓝方(Blue Lable)，以蓝方最好
老帕尔（Old Parr）	该酒口味略甜，比较柔顺，酒瓶是独特的四角形咖啡色玻璃瓶，属于 12 年的豪华型陈酒

格兰菲迪

百龄坛

金铃

顺风

芝华士

约翰·沃克

老帕尔

图 2–22　苏格兰威士忌的主要品牌

（二）爱尔兰威士忌

爱尔兰是威士忌的发源地。爱尔兰威士忌 (Irish Whiskey) 具有酒液浓厚、细腻且有辣味、无泥炭的烟熏味等特点。爱尔兰威士忌的生产方法大致与苏格兰威士忌相同，主要的区别是使用的生产原料和蒸馏次数不同，生产出的威士忌的酒精度也不一样。著名的爱尔兰威士忌的品牌有：约翰·詹姆森 (John Jamson)、老布什米尔 (Old Bushmills)、图拉摩尔露 (Tullamore Dew)。爱尔兰的威士忌可以单独饮用，但更多的是用于制作爱尔兰咖啡。

图 2-23　威士忌的发源地品牌

（三）美国威士忌

美国威士忌 (American Whiskey) 又称为波本威士忌 (Bourbon Whiskey)。美国威士忌的生产可以追溯到新大陆发现时期。哥伦布发现新大陆以后，大量的欧洲移民移居北美，他们将蒸馏威士忌的技术也带到了北美。起初，欧洲移民在肯塔基试种大麦，但后来他们发现，这里的土壤和气候更适合玉米生长，于是在使用大麦酿制威士忌时，把玉米也掺和到酿制原料中，从此便开始了玉米威士忌的蒸馏。据史载，1789 年，叶里加·克莱格 (Elija Craig) 神父首先发现玉米、黑麦、大麦、麦芽和其他谷物可以很好地组合，并生产出了十分完美的威士忌酒。由于当时他在肯塔基的波本镇，故把这种威士忌命名为“波本”，以区别于宾夕法尼亚的黑麦威士忌。美国有三大重要的威士忌产地，它们是宾夕法尼亚州、印第安纳州和肯塔基州，这些州生产的威士忌质量都很好。美国威士忌的陈酿都必须用新木桶。

美国波本威士忌的生产有以下两个重要规定：一是生产原料中必须含有51%以上的玉米，二是蒸馏后的酒度要为40~62.5度。这样生产出波本原酒，再与其他威士忌或中性威士忌调配成波本调配威士忌。

波本威士忌大都呈棕红色，清澈透亮，清香优雅，口感醇厚、绵柔，回味悠长。波本威士忌的品种也较多，其中，著名品牌有四玫瑰（Four Roses）、占边(Jim Beam)、西格兰姆(Seagram's)、杰克·丹尼尔斯(Jack Daniel's)等。

图 2-24 美国威士忌

（四）加拿大威士忌

加拿大威士忌(Canadian Whisky)又称为黑麦威士忌(Rye Whisky)，其主要生产原料是黑麦、玉米及其他谷物。加拿大威士忌是典型的清淡型威士忌。它只能用谷类植物生产，其生产方法与爱尔兰威士忌相同。加拿大威士忌基本上使用美国威士忌酒桶进行陈酿，因为大多数美国威士忌生产厂商的橡木桶只使用一次便不再使用了。加拿大威士忌至少陈酿4年才能进行勾兑和装瓶销售，陈酿时间越长酒液越显得芳醇。加拿大威士忌按质量分陈酿4~5年、8年、10年和12年四类。

著名的加拿大威士忌品牌有风味清淡爽快的加拿大俱乐部(Canadian Club，简称CC)、清淡顺口的施格兰特醇(Seagram's V. 0.）6年陈酒，以及古董牌(Antique)、加拿大之家(Canada House)、阿尔伯塔（Alberta)等。加拿大威士忌以口味清淡、芳香柔顺而闻名遐迩，是适合现代人口味的现代派酒品。它可以单独饮用，也可以加水饮用。

图 2-25　加拿大威士忌：加拿大俱乐部

四、伏特加(Vodka)

伏特加最早源于东欧和一些中亚国家，如波兰、俄罗斯、乌克兰等，但很多权威人士始终认为它的产生与波兰有千丝万缕的联系。

伏特加是俄罗斯和波兰的国酒，是欧洲北方寒冷地区十分流行的烈性饮料。它是以多种农作物（马铃薯、玉米等）为原料经过发酵和重复蒸馏而成的高酒精浓度饮料。伏特加之名源自俄语“Veda”，是“水”或“可爱的水”的意思。据史料记载，早在 12 世纪伏特加酒就已经出现，当时主要是用于治疗疾病，生产原料都是一些最便宜的农产品，如小麦、大麦、玉米、马铃薯和甜菜等。蒸馏技术在东欧及其相邻国家的出现，使伏特加得以普及，特别是那些地处北方寒冷地区的居民，尤其喜欢伏特加。

美国人饮用伏特加则是在第二次世界大战开始的时候。当时，一位名叫胡伯兰茵（Hueblein) 的人把伏特加带到美国，并大量推销，使美国人很快就接受了它。现在美国和英国生产的伏特加几乎是无色透明、没有味道的中性烈酒，主要用于调配混合饮料。在这种混合饮料中，伏特加只有通过品尝才能感觉到，根本无法闻出来，这种新款式的伏特加酒很受现代消费者的欢迎，它的出现，对伏特加发源地的伏特加的生产是一个很大的冲击。

伏特加无色无味，没有明显的特征，但很提神，其口味烈，劲大刺鼻，除了与软饮料混合使之变得干洌，与烈酒混合使之变得更烈之外，别无他用。但酒中杂质含量极少，口感醇正，并且可以以任何浓度与其他饮料混合饮用，所以经常作鸡尾酒的基酒，酒度为 40~50 度。

表 2–3　伏特加的主要品牌

生产国	品　牌
俄罗斯	波士伏特加 (Bolskaya)
	俄罗斯红牌 (Stolichnaya)
	俄罗斯绿牌 (Moskovskaya)
	朱波罗夫卡 (Zubrovka)
	皇冠伏特加（Smirnoff）
波　兰	维波罗瓦 (Wyborowa)
	朱波罗卡（Zubrowka）
美　国	蓝天伏特加 (Skyy Vodka)
芬　兰	芬兰地亚 (Finlandia)
瑞　典	绝对 (Absolute)

波士伏特加

俄罗斯红牌

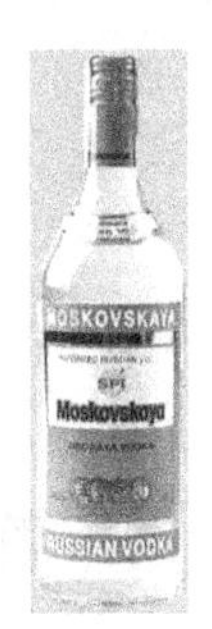

俄罗斯绿牌

朱波罗夫卡

皇冠伏特加

图 2–26　伏特加的主要品牌

维波罗瓦　朱波罗卡　蓝天伏特加

芬兰地亚　绝对

图 2-26　伏特加的主要品牌（续）

五、朗姆酒

朗姆酒 (Rum) 是采用甘蔗汁或糖浆发酵蒸馏而成的烈性酒。朗姆酒的原产地是加勒比海地区的西印度群岛，但甘蔗最初并不产于此地。甘蔗的原产地是印度，后逐渐流传到西班牙。15 世纪后期，哥伦布发现新大陆后，甘蔗又从西班牙传到了西印度群岛，这里的热带气候很快就使西印度群岛变成了甘蔗王国。17 世纪初，巴巴多斯岛 (Barbados) 的一位精通蒸馏技术的英国移民，潜心钻研，终于成功地制造出了朗姆酒。刚研制成功的朗姆酒十分浓烈，使得初喝此酒的当地土著居民一个个喝得酩酊大醉，十分兴奋，而“兴奋”一词的当地用语为“Rumbullion”，于是当地人便把词首用来命名这种新酒，把它称为“Rum”（朗姆酒）。朗姆酒的生产方法基本上与威士忌相同，主要生产过程包括发酵、蒸馏、陈酿和勾兑等。朗姆酒的蒸馏既有烧锅式蒸馏，也有连续式蒸馏，前者的生产效果好些，生产出的朗姆酒味道浓厚。

几乎西印度群岛上的所有国家都生产朗姆酒且特色各异，比较著名的产地有巴巴多斯、古巴、圭亚那、海地、牙买加、波多黎各、特立尼达、维尔京群岛等。巴巴多斯朗姆酒柔顺，带有烟熏味道；古巴朗姆酒细腻、清淡；圭亚那生产的朗姆酒相当出色；牙买加朗姆酒酒精含量很高，口味非常浓烈，带有刺激感，近年来，也生产出口的清淡型朗姆酒；波多黎各生产的朗姆酒酒体轻盈，属于干型朗姆酒，最适合用于调制鸡尾酒；特立尼达生产的朗姆酒通常酒体较重，颜色较深。目前，常用的朗姆酒有淡色朗姆、深色朗姆和棕色朗姆三种。淡色和棕色朗姆酒略有糖蜜味，略甜，较醇。深色朗姆颜色较深，具有刺激性芳香，风味十分独特。

表 2-4　朗姆酒的主要品牌

品牌名称	基　本　特　点
百家得 (Bacardi)	1862 年创立于古巴，是所有朗姆酒中最优秀的品牌
哈瓦那俱乐部 (Havana Club)	它是继百家得之后又一具有代表性的朗姆酒，一般要在橡木桶中经过 3 年的酿制才出品，有着十分顺口的辣味
玛亚斯 (Myers's)	由牙买加生产，是经过 8 年陈酿后才装瓶销售的
摩根船长 (Captain Morgan)	波多黎各产，有黑色、白色、金色三种

百家得

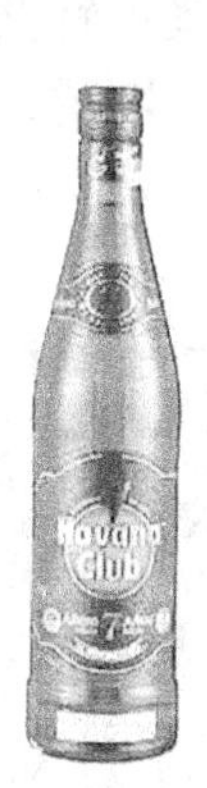

哈瓦那俱乐部

玛亚斯

摩根船长

图 2-27　朗姆酒的主要品牌

六、特基拉酒

特基拉酒 (Tequila) 是墨西哥的特产，被誉为“墨西哥的灵魂”。特基拉是墨西哥的一个小镇，此酒以产地得名。特基拉酒有时也被称为龙舌兰酒，因为它的生产原料是一种叫龙舌兰 (Agave) 的植物，属于仙人掌科。

图 2-28　龙舌兰

图 2-29　龙舌兰根部

特基拉酒陈酿时间不同，颜色和口味差异很大：白色特基拉酒未经陈酿，其贮存期最多 3 年；金色特基拉酒贮存至少 2~4 年；特级特基拉酒需要更长的贮存期。特基拉酒香气突出，口味凶烈，风格独特。

特基拉酒是墨西哥的国酒，墨西哥人对此酒情有独钟，饮用方式也很特别，常用于纯饮。

此外，特基拉酒经常与盐一起食用，也经常作为鸡尾酒的基酒，如“特基拉日出”“玛格丽特”等深受广大消费者的喜爱。特基拉酒的著名品牌有：凯尔弗（Cuervo)、斗牛士（El Toro)、索查 (Sauza)、欧雷 (Ole)、玛丽亚西 (Mariachi)、安乔 (Tequila Aneio)。

图 2-30　特基拉酒

实操任务

一、白兰地服务

（一）选用白兰地杯

白兰地的酒精度较高，为避免酒的香气散发过快以及适合小口喝，白兰地杯的容量应较葡萄酒杯小，且杯口不用开太大。同时，白兰地适合加温饮用，杯腿不需要太长，以方便用手托住杯身从而将酒加热使香气散发。

图 2-31 白兰地酒杯

（二）选择白兰地的饮用方式

（1）净饮。所谓净饮，就是不掺其他液体而饮用，也叫纯饮。净饮时可以另外配一杯冰水喝，喝完一小口白兰地可以再喝一口冰水，以唤醒味蕾品味下一口白兰地的香醇。由于白兰地的酒精度较高，有些人可能难以适应净饮的方式，但是对于品质较高的陈年白兰地，尽量采用净饮方式，以感受其风格和特色。

（2）冰饮。由于白兰地属于烈性酒，为了稀释其酒精度以便更好地入口，有些人也喜欢在酒中加冰块或矿泉水，甚至加入可乐等，但这种方式通常只适用于品质一般的白兰地。

（3）调制成鸡尾酒作为六大基酒之一。白兰地也经常被调制成鸡尾酒。比较经典的由白兰地调制的鸡尾酒有亚历山大白兰地酒、白兰地酸酒等。

（三）备酒

备酒是指根据客人在酒单上所点的白兰地来准备相应的酒水，同时将酒水的温度调整到客人要求的饮酒温度。备酒主要包括准备酒水和准备其他服务需要的物品，如酒杯、冰桶、冰块、餐巾布等。在这一环节中，最关键的步骤在于不同的客人饮用白兰地的温度要求可能是不一样的，作为侍酒师一定要提前与客人沟通确定，而不能只是按照自己的标准来进行准备。

（四）示酒

与葡萄酒的示酒服务相同。在开启白兰地前，侍酒师同样必须首先确保客人认可酒水的现有状态。一般通过三个环节来确保酒水的质量，即酒标确认、开瓶以及试酒。首先，侍酒师会用干净的餐巾布包住白兰地，左手托住瓶身底部，右手握住瓶颈，将正标朝上，确保客人可以清楚地阅读酒标，以便确认酒水无误。其次，当着客人的面开启白兰地，并将开启后的软木塞呈递给客人，由客人检查软木塞完好无损且无异味。最后，侍酒师会将开启之后的白兰地斟倒少量入客人的酒杯，请客人品尝确认无误，之后，再开始进行下一轮的服务。

（五）斟酒

在斟酒环节中，侍酒师同样需要根据先宾后主、先女后男的原则为客人进行斟倒白兰地的服务。侍酒师右手持酒瓶的下半部分、左手拿一块干净的白色餐巾布，站在客人的身后为其斟酒。与葡萄酒不同，白兰地的斟酒分量为 1/5，并随时注意为客人添加。

小贴士

冰镇白兰地的最佳饮用温度是 7~10℃，在这一温度下，白兰地的口感是最好的。如果既想要品味白兰地净饮风味又想感受冰爽刺激，最好不要直接在白兰地里面加冰块，而是通过冰桶冰镇、冰箱冷藏以及冰水冷却等方法对白兰地进行处理。

白兰地本身是有特殊香味的，可通过冰镇纯饮或加入冰块调出适宜浓度的白兰地跟一些菜式进行搭配，往往能够相得益彰，可谓是“最佳美食拍档”。比如，吃刺身海鲜时，应该加冰块调淡白兰地来喝，更能显出海鲜的鲜味；而品尝味道较浓的鸡汁类菜式时，酒就应该稍浓些，少加冰块；吃烤鸭、乳猪这类香浓美食时，就不应该给白兰地加冰块，只要冰镇后直接纯饮就非常完美了。

二、威士忌服务

（一）准备器具

银托盘一个，用清洁、无皱褶白色口布铺好，并准备好威士忌酒杯。

图 2-32 银托盘

图 2-33 威士忌酒杯

（二）示酒

首先让客人确认其品牌、级数；客人表示认可后，需要对客人进行询问。询问的内容包括是否现在饮用，采用什么样的饮用方法。

（三）开启及服务

（1）开瓶：去除瓶盖上的封印，打开瓶盖。

（2）纯饮：把酒倒入分酒器内 2/3 处。斟酒前询问客人是否需要加冰块，如客人需要，则先在客人杯内放入 3 块冰块，再将酒分别斟入客人杯中。斟酒量以 1/3 杯为标准。斟酒完毕后，按先女士后男士、先主后宾的顺序双手捧酒杯送至客人面前。捧酒杯的标准动作为：右手拇指、食指、中指三指握住杯下方，左手平伸托住杯底部。同时要对客人说："请您慢用。"

（3）勾兑：在进行勾兑前询问客人的口味，是浓一些还是淡一些，浓一些应以老杯的八至九分满为标准，淡一些应以老杯的五分满为标准。如客人有特殊要求应特殊对待，严禁以侍酒员个人的标准来为客人勾兑酒水。勾兑酒水时，应将白兰地先倒入老杯中，达到客人的口味标准时再倒入扎壶内，然后将饮料加入扎壶。加满后将扎壶内已经勾兑好的酒水倒入分酒器内，以便给客人提供更快速的服务。勾兑酒水完毕后，刚刚勾兑酒水时的空饮料瓶由当台服务生负责协助收回指定的工作站内的垃圾桶里。

（4）斟酒：一定要使用标准的蹲姿为客人服务。按相应人数向杯内斟酒，斟酒量以 3/5 杯为标准。斟酒完毕后，双手捧酒杯送至客人面前。先女士后男士、先主后宾，同时要对客人说："请您慢用。"第一次倒酒完毕后应重新斟满分酒器，并在卡座旁稍微等待一下，因为客人第一次碰杯一般都是一次喝完，等待客人喝完放下杯子后再为客人加满酒水。

小贴士

威士忌的饮用时机应该是什么时候呢？

威士忌多在消遣休闲时饮用。苏格兰威士忌和加拿大威士忌适合在餐前或者餐后饮用，而且在饮用过程中要细细体会威士忌在口腔中的风味。陈年的威士忌能够有威士忌的醇香和那种清冽，给味蕾以细致的体验。

技能评价

实操项目	序号	内 容	具 体 指 标	评判结果			
				优	良	合格	不合格
白兰地服务	1.1	选用酒杯	正确选取酒杯，并保证酒杯洁净通透				
	1.2	选择饮用方式	能清楚解释不同饮法的好处和不足，向客人准确推销				
	1.3	备酒	能够准确地根据酒水的信息描述其产地、等级和特性				
	1.4	示酒	动作正确，干净利落，有美感				
	1.5	斟酒	准确斟酒，动作规范				
威士忌服务	2.1	准备器具	动作干净利索				
	2.2	示酒	（1）让客人确认品牌、级数 （2）向客人询问饮用方法等				
	2.3	开启及服务	开启过程安静而迅速，根据不同需求进行服务				

课后作业及活动

一、填空题

1. 葡萄酒的旧世界是指葡萄酒的酿造历史比较悠久的国家，包括______、__________、__________。

2. 葡萄酒酒瓶的标准容量为__________。

3. 按照颜色来分，葡萄酒可以分为__________、__________、__________。

4. 红葡萄酒的侍酒温度为__________，白葡萄酒的侍酒温度为__________。

5. 世界上著名的蒸馏酒有六大类，即__________、__________、__________、__________、__________、__________。

6. __________是指勾兑所使用的最年轻的白兰地在橡木桶中的陈年期必须超过两年半；__________是指勾兑所使用的最年轻的白兰地在橡木桶中的陈年期至少在四年半以上；__________是指勾兑所使用的最年轻的白兰地在橡木桶中的陈年期至少在六年半以上。

7. 金酒不用陈酿，香气和谐，口味协调，醇和温雅，酒体洁净，具有__________的风格，金酒的香味主要来源于__________。

8. 金酒主要用玉米、大麦和其他谷物制成，生产过程包括________、________、__________、三次蒸馏，最后稀释至__________度左右装瓶销售。

9. 苏格兰威士忌的主产地有__________、__________、__________、__________。

10. 美国波本威士忌的生产有以下两个重要规定，一是生产原料中必须含有__________以上的玉米，二是蒸馏后的酒度要在__________。

11. 伏特加之名源自俄语__________，是__________的意思。

12. 伏特加__________，没有明显的特征，但很提神，其__________，除了与软饮料混合使之变得干冽，与烈酒混合使之变得更烈之外，别无他用。

13. 朗姆酒是采用__________发酵蒸馏而成的烈性酒。朗姆酒的原产地是__________，但甘蔗最初并不产于此地。

14. 特基拉酒有时也被称为__________酒，因为它的生产原料是一种属于仙人掌科的植物。

二、不定项选择题

1. 以下哪个国家不属于葡萄酒的新世界（　　）。

A. 南非　　B. 新西兰　　C. 阿根廷　　D. 德国

2. 以下哪个品种不属于红葡萄品种（　　）。

A. 赤霞珠　　B. 黑比诺　　C. 西拉　　D. 霞多丽

3. 下面哪项不是红葡萄酒杯的特点（　　）。

A. 高脚　　B. 肚大　　C. 杯口内缩　　D. 杯口外翻

4. 下面关于专业品尝用的起泡酒杯的说法错误的是（　　）。

A. 又被称为香槟酒杯　　B. 拥有修长的杯身

C. 形状是半圆形的　　D. 可以用来搭叠香槟塔

5. 葡萄酒与食物搭配时，应该从哪些方面来考虑（　　）。

A. 品种　　B. 酒体　　C. 味道　　D. 风格与香气

6. 伦敦干金酒的主要特色是（　　）。

A. 无色透明　　B. 香味浓郁　　C. 清爽冰冽　　D. 香味较淡

7. 对于（　　）的白兰地，尽量采用净饮方式，以感受其风格和特色。

A. 陈年　　　B. 年轻　　　C. 新品种　　　D. 窖藏

三、实验题

1. 考察葡萄酒市场，重点观察和收集葡萄酒的酒标，请阐述新旧世界葡萄酒的酒标有何区别。

2. 读懂下面两张酒标，分别说出各个数字指代的含义。

模块三 鸡尾酒调制

绝大部分的酒吧都需要有优秀的调酒师负责鸡尾酒的调制，以吸引客人进行酒水的消费。鸡尾酒有着其独特的调制手法。调酒师（Bartender）应掌握各种调制鸡尾酒的方法和主要的技能，能够熟练运用鸡尾酒调制基本规则调制出鸡尾酒。

本模块重点介绍鸡尾酒调制的原材料准备、鸡尾酒的基本调制方法以及鸡尾酒会的组织。

学习目标

◆能按照鸡尾酒调制的步骤调制鸡尾酒，并依据鸡尾酒的基本调制规则进行鸡尾酒的品饮。

◆能辨别摇和法、调和法、搅和法和兑和法使用到的工具、杯具。

◆能使用摇酒壶调制“红粉佳人”鸡尾酒，使用碎冰机、搅拌机调制“玛格丽特”鸡尾酒。

◆准确使用量酒器量取相应分量的酒水材料，能使用吧匙来协助酒与酒之间的分层效果。

◆能掌握兑和法的手势和操作要领，调制彩虹鸡尾酒。

◆能手持转动吧匙调和鸡尾酒，使用调和法调制“长岛冰茶”鸡尾酒。

项目一　原材料准备

一杯色、香、味、形兼备的完美的鸡尾酒，要有优质的美酒作基酒，加上能刺激食欲的调味辅料，同时还得用色彩艳丽的鲜果作装饰，配上恰到好处的杯具。因此，做好调酒前的原材料准备是必不可少的程序。

图 3–1　原材料

基础知识

一、鸡尾酒的定义和基本结构

（一）鸡尾酒的定义

“鸡尾酒”一词，在英文中是由 Cock（公鸡）和 tail（尾）两词组成的。如果给“鸡尾酒”下个定义的话，那就是：鸡尾酒（Cocktail）是由两种或两种以上的饮料，按一定的配方、比例和调制方法，混合而成的一种含酒精的饮品。我国《现代汉语词典》中对鸡尾酒的定义是：鸡尾酒是用几种酒加果汁、香料等混合起来的酒，多在饮用时临时调制。美国《韦氏词典》对鸡尾酒的定义是：鸡尾酒是一种量少而冰镇的饮料，它以朗姆酒、威士忌或其他烈酒为基酒，或以葡萄酒为基酒，再配以其他材料，如果汁、鸡蛋、比特酒、糖等，以搅拌法或摇荡法调制而成，最后再以柠檬片或薄荷叶装饰。

混合酒是一种由多种饮料混合而成的新型饮品。鸡尾酒属混合酒类，但由于鸡尾酒历史悠久、影响深远、品种繁多，使鸡尾酒几乎成为混合酒的代名词。

鸡尾酒颇有个性，一杯好的鸡尾酒应该色、香、味、形、格俱佳。鸡尾酒必须具备下列条件：口味必须卓绝，太甜、太苦、太香会掩盖酒品的真正味道，降低酒品的品质；必须充分冰冻；通常使用高脚杯，手持玻璃杯脚。

（二）鸡尾酒的基本结构

1. 基酒

基酒又称鸡尾酒的酒底，多以各种烈性酒为主，如金酒、伏特加、威士忌等，也有用开胃酒、葡萄酒、餐后甜酒等做基酒的。基酒是鸡尾酒的主体，其含量应占酒量的1/2左右。

2. 辅料

辅料一般是各类果汁、汽水、矿泉水等，也有用开胃酒或利口甜酒的。辅料的作用是衬托、引导出基酒的韵味，增强鸡尾酒的品尝层次，使基酒的刺激性缓和，成为可口的中性饮品。

3. 配料

鸡尾酒常用的配料有糖、盐、红石榴汁、淡奶、鸡蛋、苦艾酒等。配料是使鸡尾酒变幻成千姿百态及色、香、味兼备的各种添加剂，它使饮用者在视觉和味觉上得到满足。

4. 装饰物

点缀鸡尾酒的装饰可以是各种水果或黄瓜、西芹、鲜薄荷叶等。不同的水果原料构成不同形状的装饰物，使用中应注意颜色和口味上与酒液保持和谐一致，使其外观色彩缤纷，给人以赏心悦目之感。

常见的装饰方法有：以小樱桃挂杯边，串穿樱桃横放杯口上，柠檬片或柠檬角挂杯边，橙角、菠萝角挂杯，整个柠檬皮挂杯，吸管穿樱桃，一束薄荷叶插在杯内装饰等。

图 3-2 鸡尾酒装饰

二、鸡尾酒的传说

鸡尾酒的传说，都是围绕着鸡尾酒的产生而展开的，这些传说基本上都离不开餐饮文化。

某一天，一次宴会过后，席上剩下各种不同的酒，有的杯里剩下 1/4，有的杯里剩下 1/2。有个清理桌子的伙计，将各种剩下的酒，用三五个杯子混在一起，一尝味道却比原来各种单一的酒要好。接着，伙计按不同组合一连尝试几种混合，每一种混合酒都不错。以后他便将这些混合酒分给大家喝，结果评价都很高。于是，这种混合饮酒的方法便出了名，并流传开来。这是传说之一。

另一个传说因以讹传讹而来。1775 年，移居于美国纽约阿连治的彼列斯哥，在闹市中心开了一家药店，制造各种精制酒卖给顾客。一天他把鸡蛋调到药酒中出售，获得一片赞许之声。从此宾客盈门，生意兴隆。当时纽约阿连治的人多说法语，他们用法国口语称之为“科克车”，后来衍变成英语“鸡尾”。从此，鸡尾酒便成为人们喜爱饮用的混合酒，花式也越来越多。

第三个传说就变得更加简单，完全是一种凑巧。1776 年的一天，美国纽约州埃尔姆斯福的一家用鸡尾羽毛作装饰的酒馆里的各种酒都快卖完的时候，一些军官走进来要买酒喝。一位叫贝特西·弗拉纳根的女侍者，便把所有剩酒统统倒在一个大容器里，并随手用一根鸡尾羽毛把酒搅匀端出来奉客。军官们喝后品不出是什么酒的味道，就问贝特西，贝特西随口就答："这是鸡尾酒哇！"一位军官听了这个词，高兴地举杯祝酒，还喊了一声："鸡尾酒万岁！"从此便有了"鸡尾酒"之名。

最后一个传说与荣誉有关。鸡尾酒源自美国独立战争末期。有一个移民美国的爱尔兰少女叫蓓丝（Beitsy），她在美国弗吉尼亚州约克镇附近开了一家客栈，还兼营酒吧生意。1779 年，美法联军官兵到客栈集会，品尝蓓丝发明的一种叫"臂章"的饮料。由于该饮料可以提神解乏，所以深受欢迎。只不过蓓丝的邻居，是一个专擅养鸡的保守派人士，敌视美法联军。尽管他所饲养的鸡肥美无比，却不被爱国人士光顾。军士们还嘲笑蓓丝与其为邻，讥谑她是"最美丽的小母鸡"。蓓丝对此耿耿于怀，就趁夜黑风高之时，将邻居的鸡全宰了，烹制成"全鸡大餐"招待那些军士们。不仅如此，蓓丝还用拔下的鸡毛来装饰供饮的"臂章"，更引得军士们兴奋无比。一位法国军官激动地举杯高喊："鸡尾酒万岁！"从此之后，凡是蓓丝调制的酒，都被称为"Cocktail"，鸡尾酒这一名称被逐渐传开。

三、鸡尾酒的种类

广义的鸡尾酒，属于混合饮料的类别。鸡尾酒的种类很多，分类方法也不尽相同。通常可分成短饮（Short Drinks）和长饮（Long Drinks）两大类。

1. 短饮

短饮（Short Drinks），指在短时间内喝的鸡尾酒，酒精含量较高。这种酒通常采用摇和或搅拌以及冰镇的方法制成，通常使用鸡尾酒杯。一般认为鸡尾酒在调好后 10~20 分钟饮用为好，放置时间不宜过长。

2. 长饮

长饮（Long Drinks），是指用烈酒、果汁、汽水等混合调制的酒精含量低的饮料。适于消磨时间悠闲饮用，大多数酒精浓度较低。一般认为 30 分钟左右饮用为宜。这类酒通常使用较大容量的杯子。长饮也分为冷饮料和热饮料两种，冷饮料较适合夏季饮用，而热饮料则较适合冬季饮用。

图 3–3 短饮与长饮

长饮一般包括以下几种类型。

（1）果汁水酒（Collins），是指烈性酒中加柠檬汁和砂糖或糖浆，再加满苏打水制成的。著名的有金汤力酒等。

（2）清凉饮料（Cooler），是烈性酒中加柠檬、酸橙的果汁和甜味料，再加满苏打水或姜麦酒制成的。也有以葡萄酒为基酒的无酒精的类型。Cooler，即清凉饮料之意，不一定非用吸管不可。

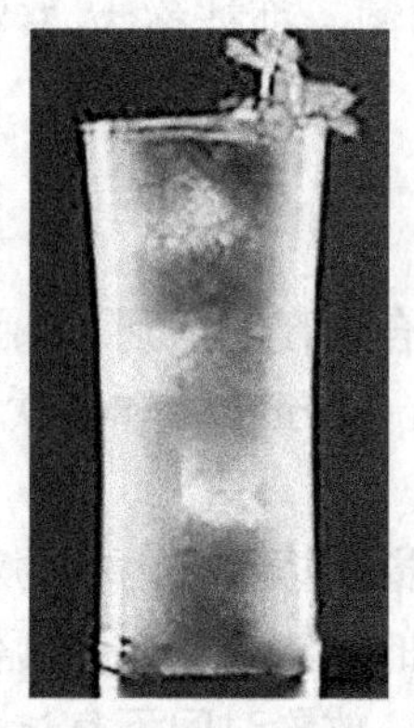

图 3–4 含碳酸和气的饮料

（3）香甜酒（Flip），指在葡萄酒、烈性酒中加鸡蛋、砂糖制成的。喜欢的话，最后撒上点肉豆蔻粉，有冷热两种。

（4）餐后饮料（Pousse-cafe），是把任何种类的烈性酒、甜露酒、鲜奶按密度的大小依次倒进杯子，使之不混合在一起的类型。重要的是，事先须了解各种酒的密度。

（5）宾治（Punch），指以葡萄酒、烈性酒为基酒，加入各种甜露酒、果汁、水果等制成的。作为宴会饮料，多用混合香甜饮料的大酒钵调制，够几个人喝。

几乎都是冷饮，但也有热的。

（6）酸味鸡尾酒（Sour），是在烈性酒中加柠檬汁、砂糖等甜东西和酸东西制成的。此酒在美国原则上不用苏打水。其他国家有用苏打水和香槟酒的。Sour 就是酸味的意思。

图 3-5 宾治

图 3-6 酸味鸡尾酒

实操任务

制作杯饰

鸡尾酒之所以被称为艺术酒，最为突出的是它的外观十分美丽，这全靠用好材料来装饰。通常采用各种新鲜的水果和原材料点缀与装饰新研制的鸡尾酒，以尽展其新姿。同时，调制鸡尾酒还需要将新鲜的原材料加工后加入其中，以提高其口感和品质。

（一）准备工作

将刀具、毛巾、砧板和原材料用水冲洗干净，将所有物品摆放整齐。

图 3-7 准备工具

（二）初加工

柠檬横放，将柠檬的头、蒂切去少许，在两头的1~2厘米处下刀；将切下的两头部分保留，作为加香或去味的材料加以利用。

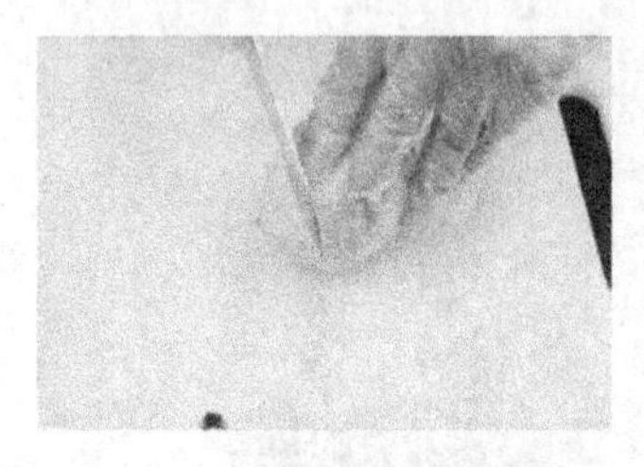 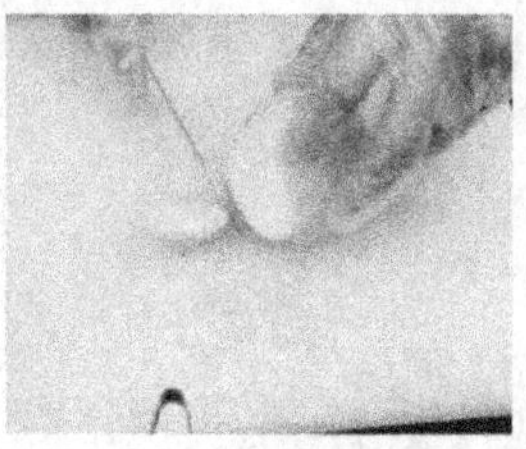 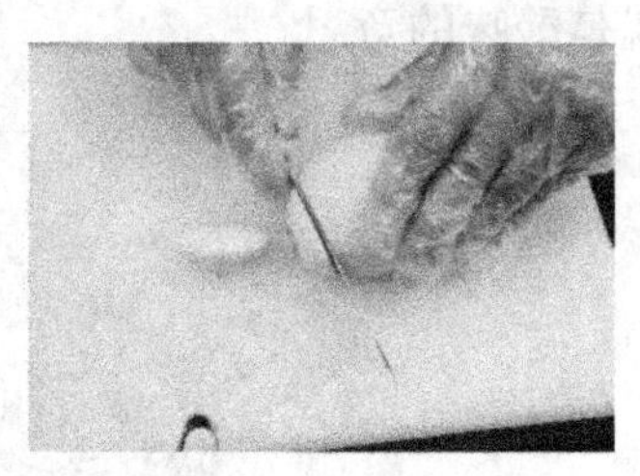

图3-8　柠檬初加工

（三）柠檬角加工

由中央横向下刀一切为二；由横切面用刀轻轻划入1/2深；直切成八片新月形，横刀切则成半月形的水果片。

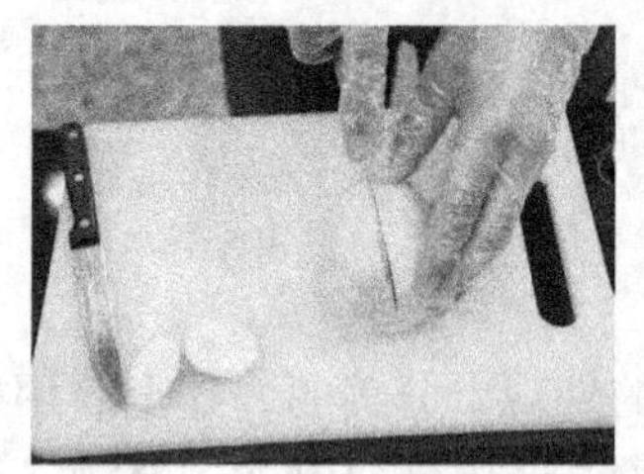

图3-9　横切

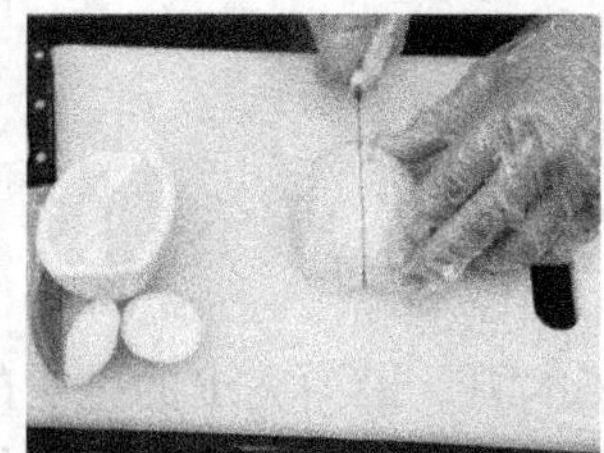

图3-10　1/4横切

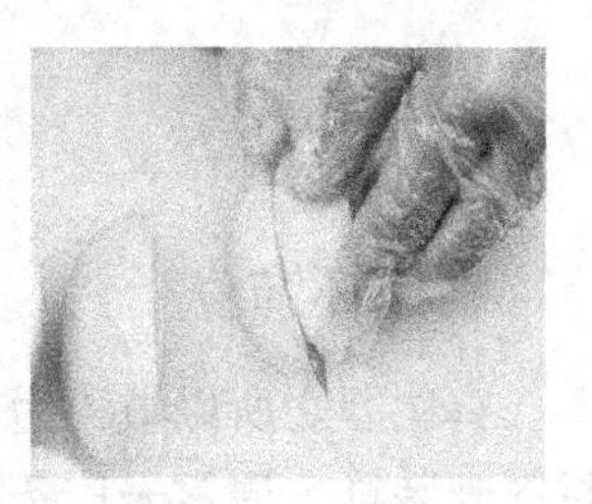

图3-11　1/8横切

（四）柠檬片加工

将已经初加工的柠檬放直，下刀划约0.5厘米深。

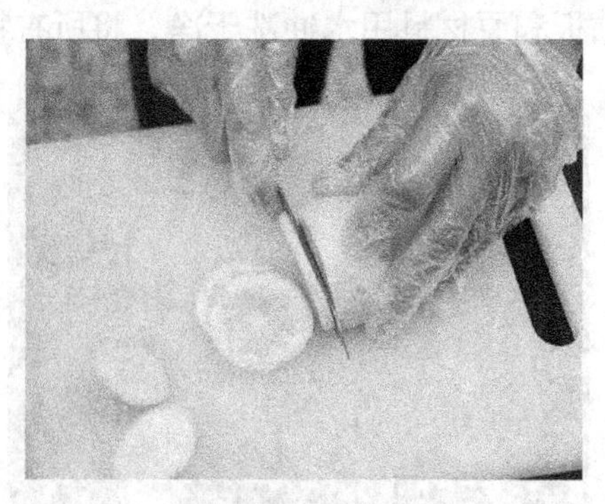

图3-12　切柠檬片

按照固定的距离下刀切成薄片，切成的圆片可以挂在杯边作装饰。按照柠檬内囊的直线下刀切开。

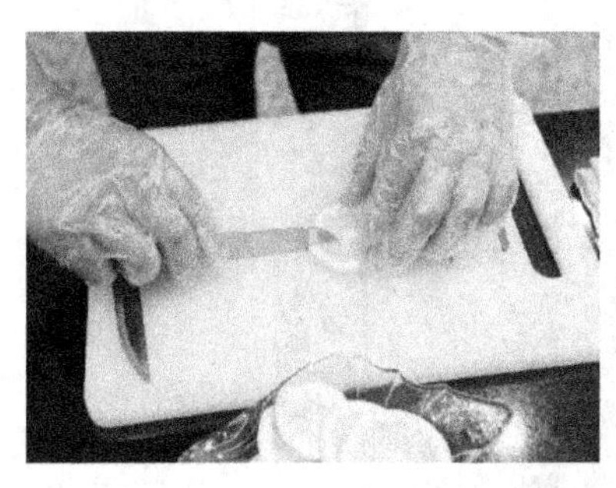
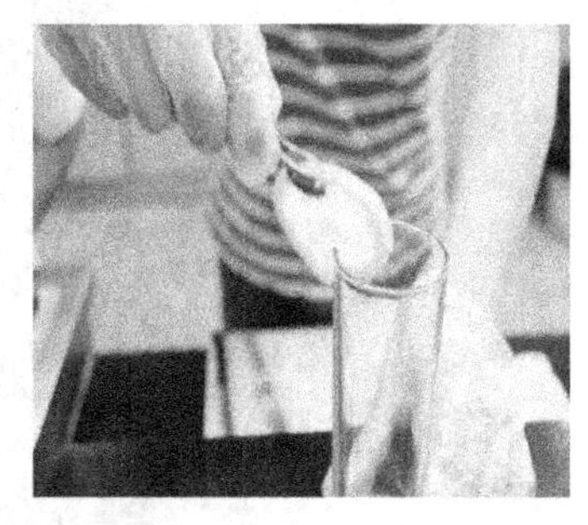

图 3-13 柠檬片杯饰（1）

将初加工后的柠檬放直切成 1/2，然后按照切成圆片的方式进行加工，则可切成半圆形。

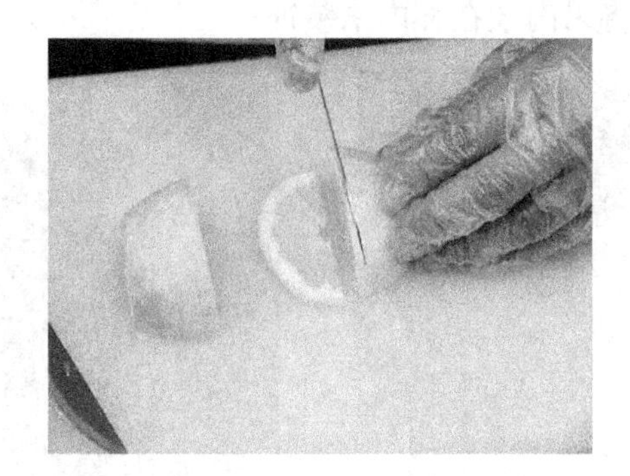

图 3-14 半圆形柠檬片

（五）挂上载杯

在半片柠檬片上纵向切一刀。

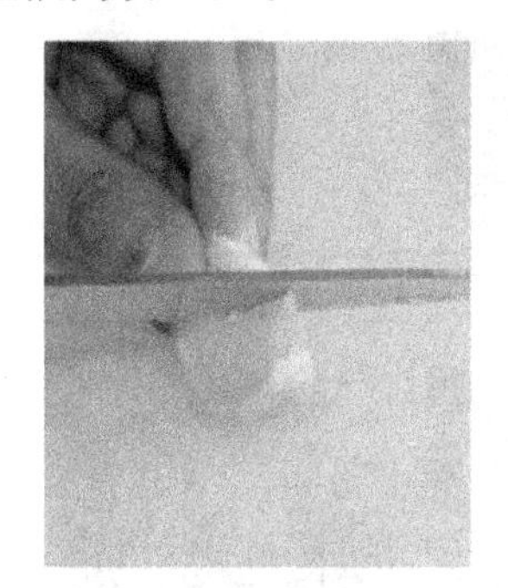

图 3-15 柠檬角杯饰（1）

在柠檬片上只按半径的长度切一刀。

图 3-16　柠檬片杯饰（2）

在果肉和皮之间切一刀，上面留一部分；将去掉果肉的柠檬纵向切成八等份，将皮放在杯上，将果肉放在杯内来装饰。

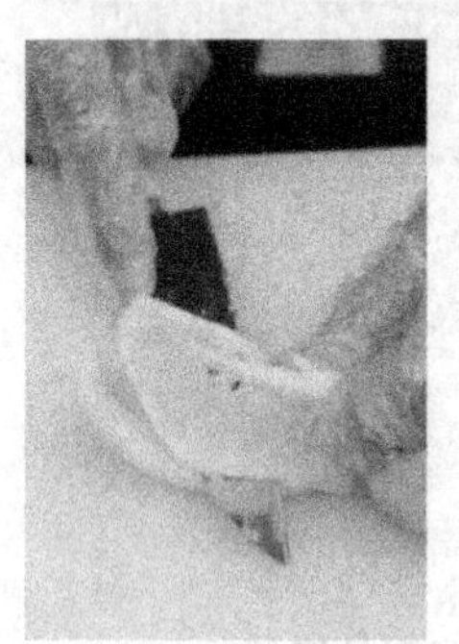

图 3-17　柠檬角杯饰（2）

在柠檬片的皮和果肉之间切一刀，上部留下一部分。

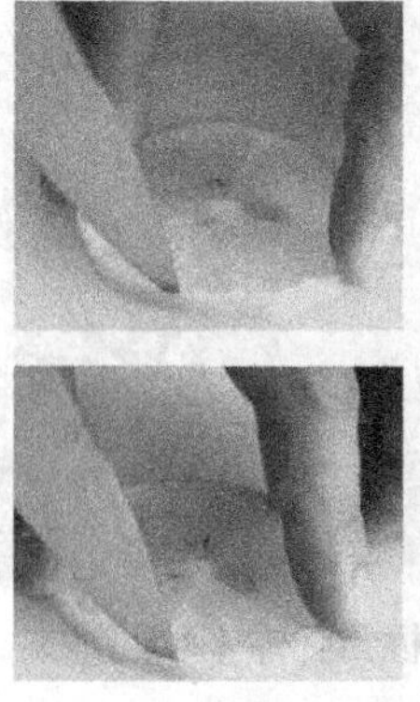

图 3-18　柠檬片杯饰（3）

将半片柠檬片和樱桃刺在一根鸡尾酒签上。

图 3-19 樱桃柠檬片杯饰（1）

将柠檬片对折，与樱桃一起刺在一根鸡尾酒签上。

图 3-20 樱桃柠檬片杯饰（2）

将柠檬皮削成螺旋状，一头挂在杯口上，其余螺旋状垂向底部。

图 3-21 柠檬皮杯饰

（六）收拾工具

砧板每次使用后必须洗净、晾干。

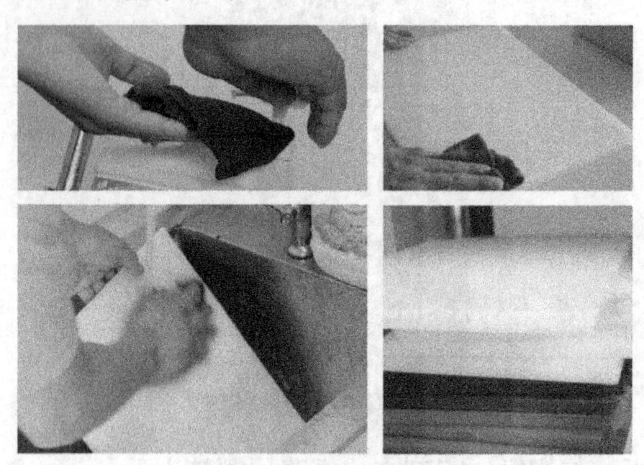

图 3-22　清洗砧板

刀具使用后必须洗干净并用干抹布擦干。

图 3-23　清洗水果刀

抹布使用后要用洗洁精洗干净、晾干。

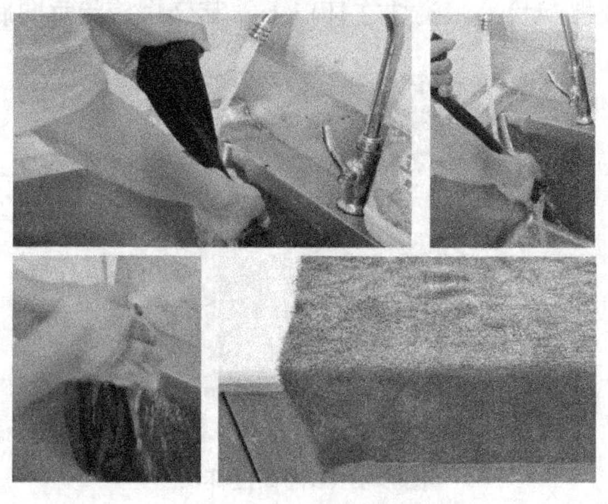

图 3-24　清洗抹布

将切好的柠檬放入装饰盒或水果碟，盖上盖子或保鲜纸冷藏保存。

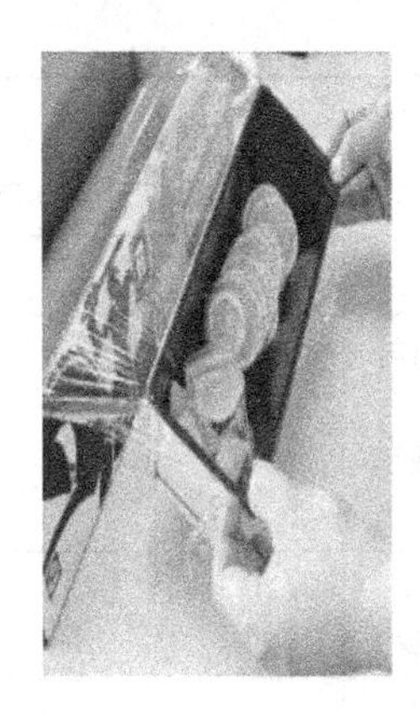

图 3–25 将材料冷藏

小案例

实习生 Ben 的师傅给他介绍并演示了柠檬的几种杯饰做法后，布置他尝试用樱桃做杯饰物，师傅向 Ben 展示了几张图片，以助他顺利完成任务。看看 Ben 完成得如何吧？

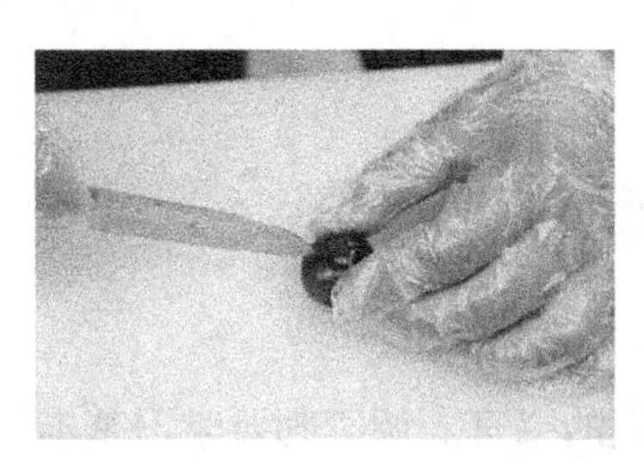

图 3–26 新鲜樱桃杯饰

图 3–27 樱桃柠檬片杯饰（3）

技能评价

实操项目	序号	内容	具体指标	评判结果			
				优	良	合格	不合格
制作杯饰	1.1	准备工作	物品摆放整齐、美观、干净				
	1.2	初加工	（1）切开的两头不要见到柠檬肉 （2）刀口要垂直，不能出现歪斜的状况				
	1.3	柠檬角加工	（1）下刀要准确稳固，不滑动 （2）柠檬块的分切均匀、美观				
	1.4	柠檬片加工	（1）下刀要准确稳固，不滑动 （2）柠檬片厚薄均匀、美观				
	1.5	挂上载杯	（1）根据不同形态选择正确的杯具 （2）使用冰夹将柠檬挂上载杯 （3）载杯上的柠檬保持完好的状态，美观坚挺				
	1.6	收拾工具	（1）工具清洗干净 （2）收纳整齐、有序				

项目二　鸡尾酒调制

鸡尾酒调制的好坏，直接影响到客人的感官。调酒师要学习基本的调酒操作技法，为客人提供优质的饮品服务。

图 3-28　吧匙和滤冰器

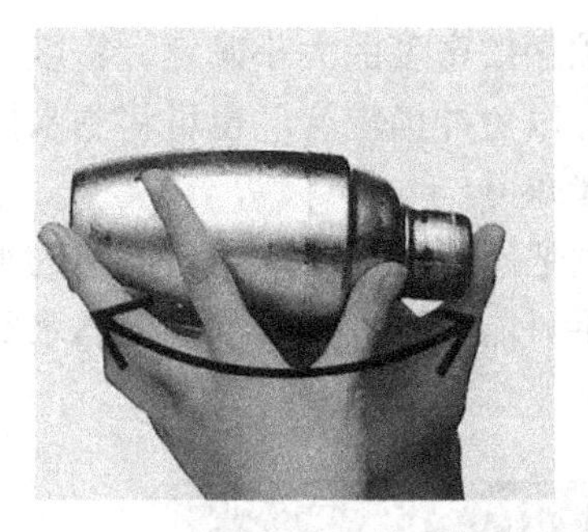

图 3-29 使用摇壶和分层效果

基础知识

一、鸡尾酒调制的基本原则

要调制一款色、香、味、形兼备的鸡尾酒，除了挑选优质基酒、正确使用辅料以及有相应的杯具和装饰物相配外，还应该掌握鸡尾酒和混合饮料的调制方法。

（1）要严格按照配方分量调制鸡尾酒。

（2）初学调酒的新手应学会使用量杯倒酒水，以便保证品味的纯正。

（3）量杯、酒吧匙、调酒器等必须保持清洁，以便随时取用而不影响连续操作。

（4）调酒所用的冰块应尽量选用新鲜的。新鲜的冰块质地坚硬，不容易融化。

（5）水果饰物要选用新鲜的，切好后用保鲜纸包好放入冰箱备用，隔天切的水果饰物不能使用。不要用手去接触酒水、冰块、杯边或饰物。

（6）碳酸类饮品不可放入调酒壶中摇荡，以防酒液四溅。

（7）调制任何鸡尾酒时，应先放入冰块，然后遵循先辅料、后主料的原则进行调制。

（8）调配制作完毕之后，一定要养成将瓶子盖紧，并复归原位的好习惯。

（9）调制好的鸡尾酒要立即倒入杯中。

（10）酒杯要擦干净，透明光亮。

（11）调制时手只能拿酒杯的下部。

（12）大多数鸡尾酒要现喝现调，调完后不可放置太长时间，否则将失去应有的味道。

二、鸡尾酒调制的方法

1. 兑和法

兑和法 (Build)，也称漂浮法。即将各种不同比重的酒按配方分量，沿酒吧匙背及杯壁徐徐倒入杯中。倒酒的顺序按密度的大小确定，密度大的先加入，密度小的后加入，无糖分的酒最后加，以免冲撞混合。也可将酒水按配方分量直接倒入杯中，不需搅拌或作轻微的搅拌即可。

使用兑和法时，注意量杯、酒吧匙要浸泡在水中，浸泡的水要经常换。酒杯要擦干净，透明光亮。调制时，手只能拿酒杯的下部。倒酒水要使用量杯，不要随意把酒斟入杯中。

图 3–30 使用吧匙

2. 调和法

调和法 (Stir)，也称搅拌法。调和法又分为调和、调和滤冰。

调和是把酒水按配方分量倒入装有冰块的酒杯中，用酒吧匙搅拌均匀即可。

调和滤冰是把冰块和酒水按配方分量倒入调酒杯内，用酒吧匙搅拌均匀，然后用滤冰器（Strainer）将酒滤入酒杯中。

图 3–31 吧匙搅拌

3. 摇和法

摇和法（Shake），也称摇荡法。当鸡尾酒的成分中含有奶、糖、鸡蛋等不易混合的材料时，应采用调酒壶将之摇匀。

摇酒的方法有单手摇和双手摇。单手摇时，用右手食指卡住壶帽，其他四指握住壶和壶身，依靠手腕的力量用力摇晃，同时小臂轻松地在胸前斜向上下摇动，使酒充分混合。

双手摇时，左手中指托住壶底，食指、无名指及小指夹住壶身，拇指压住壶盖；右手拇指压住壶帽，其他手指扶住壶身。双手协调用力，在胸前呈45度角一高一低推进调酒壶，充分摇匀所有材料。

图3-32　摇和法

4. 搅和法

搅和法（Blend）是把碎冰和酒水按配方分量倒进电动搅拌机中，运转约10秒钟，连冰块带酒水一起倒入酒杯中。

图3-33　搅拌机搅和

三、调制鸡尾酒应注意的事项

（1）正确使用调酒壶及所用设备，以准确、优美、迅速的姿势取信于宾客。

（2）掌握好下料的次序，应首先放入冰块，然后是基酒，最后放配料。注意不要把有汽的饮料放入摇酒壶内摇晃，以免发生意外。

（3）选用新鲜的辅料和装饰物，如新鲜的水果、牛奶、奶油等。

（4）调制好的鸡尾酒应立即滤入酒杯中。

（5）操作时尽量避免手接触酒水、冰块、杯边或装饰物。

实操任务

一、使用摇和法制作

摇和法调制鸡尾酒手势变化多，可让调酒师灵活发挥。

（一）认识摇和法

1. 操作方法

将所有原料和冰块按配方放入调酒壶，冰块的量一般为调酒壶容量的1/3~1/2。扣上滤冰器，盖上盖。根据不同酒品选用正确的摇酒方法快速摇晃。取下壶盖，用食指压住滤冰器上方，将调好的酒滤入相应的载杯中。

2. 摇酒壶的摇动方法

表 3–1 摇酒的方法

摇和法	单手摇	双手摇
区别	（1）用右手食指按住壶帽，其他四指夹住壶身 （2）依靠手腕的力量用力摇晃，同时小臂轻松地在胸前斜向上下摇动，使壶内的酒充分混合	（1）左手中指托住壶底，拇指压住壶盖，其他手指自然按住壶身 （2）右手拇指压住壶帽，其他手指扶住壶身 （3）双手协调用力，在胸前呈 45° 角一高一低推进调酒壶，充分摇匀壶内的材料

（二）准备工作

（1）整理操作台。

（2）按照配方把所需的酒水、装饰物、调制的用具找出来，放在操作台上。

（3）准备鸡尾酒杯和新鲜的冰块。

图 3–34 准备摇和法的调酒材料

（三）调制鸡尾酒

（1）将鸡尾酒杯进行冰杯，摇酒壶内放入约 1/3 的冰块。

图 3–35 冰杯

（2）使用量酒器，按照配方将 28 毫升金酒、14 毫升柠檬汁、14 毫升红石榴汁一一倒入摇酒壶。

图 3–36 将酒水加入摇酒壶

（3）取鸡蛋清。打开 1 个鸡蛋，将鸡蛋清滤进一个干净的杯子或是小碗里，再倒入摇酒壶中。操作熟练后，可以把鸡蛋打开直接将蛋清滤进摇酒壶。

图 3–37 加入鸡蛋清

（4）将摇酒壶盖好后，以单手或是双手摇壶 12~15 秒。

图 3-38　单手摇和法

图 3-39　双手摇和法

（5）打开壶盖，先把鸡尾酒杯里的冰块倒掉，再将摇酒壶里的酒液倒入杯中，以杯子容量的 85%~90% 为宜。

图 3-40　倒出鸡尾酒

（6）加上装饰物，即将红樱桃置于杯边。

图 3-41 加上装饰物

（四）成品服务

保持微笑，请客人饮用鸡尾酒。

图 3-42 鸡尾酒服务

（五）结束调制

制作完毕，应将酒水、物品归于原位。清洁摇酒壶和量酒器及台面。

小案例

炎热的仲夏夜，某酒吧的客人特别多。调酒师注意到，女士们都喜欢下单点“红粉佳人”。粉红的颜色加上迷人的香气，简单的装饰，在夏日里显得清新怡人。

图 3-43 红粉佳人成品

二、使用调和法制作

调和法比较适合调制容易混合的材料或者在需要灵活处理材料的原味时运用，通常用来调制长饮鸡尾酒。

（一）认识调和法

控干酒杯中的水分后，将冰块（一般为酒杯容量的 1/2~1/3）放入调酒杯。将材料一一倒入调酒杯。用吧匙搅拌。操作时，左手把持住调酒杯底部，右手拿住吧匙，吧匙背部紧贴调酒杯内壁，注意不要发出声音，按顺时针方向搅动 5~10 圈；当左手指感到冰凉、调酒杯外有水汽析出时，即可停止搅拌。搅拌完成后，将吧匙的背部朝上取出。用滤冰器扣住调酒杯口，用右手食指按住滤冰器，将调好的酒滤入载杯中。

在调和鸡尾酒时，左手的大拇指和食指握住调酒杯的下部，右手的无名指和中指夹住吧匙柄的螺旋部分。因右手的拇指和食指按住吧匙柄的上端，调和时，拇指和食指不用力，而是用中指的指腹和无名指的指背，促使吧匙在调酒杯中按顺时针方向转动。搅拌时，巧妙地利用冰块运动的惯性，发挥手腕的力量，用中指和无名指使吧匙连续转动。吧匙放入或拿出调酒杯时，匙背都应向上。

将滤冰器平稳地扣卡在调酒杯的杯口上方，调酒杯的注流口向左，滤冰器的柄朝相反的方向；用右手的食指顶住滤冰器的突起部分，其他四指紧紧握住调酒杯的杯身，左手按住鸡尾酒载杯的底部或基部，将酒滤入载杯中。

（二）准备工作

整理操作台。按配方把所需要用的酒水、调制的用具找出来，放在操作台上。

图 3-44 准备原材料

（三）调制鸡尾酒

图 3-45 加入冰块

往柯林斯杯里放入约 1/3 的冰块。使用量酒器依次量取 14 毫升金酒、特基拉酒、伏特加酒、朗姆酒、白兰地，分别直接倒入酒杯中。

图 3-46 加入酒水

倒入可乐补至杯子容量的90%左右，以搅棒稍微搅拌一下，放入一根吸管。

图3-47 加入可乐

图3-48 吧匙调和

（四）成品服务

请客人饮用调制好的鸡尾酒。

图3-49 提供服务

小贴士

甜马天尼（Sweet Martini)是运用调和滤冰法调制而成的。马天尼酒被称为“鸡尾酒之王”。马天尼酒的原型是杜松子酒加某种酒。最早以甜味为主，选用甜苦艾酒为辅料。007系列电影让这种酒变得家喻户晓。马天尼鸡尾酒始于20世纪20年代，“二战”期间开始受欢迎。20世纪60年代，随着爵士乐和拉美音乐的兴起，马天尼迎来了它的黄金时代。如今，马天尼已经成为鸡尾酒的象征和夜生活的按语。美国的酒吧，常用一只马天尼酒杯和一片橄榄叶作为招牌。难怪1979年美国出版的《马天尼酒大全》，介绍了268种马天尼酒。

图 3-50 鸡尾酒之王

三、使用搅和法制作

搅和法调制鸡尾酒是通过电动搅拌机高速马达的快速搅拌达到混合的目的。采用此种调制方法效果非常好，同时能极大地提高调制工作的效率和调酒的出品量。

（一）认识搅和法

将用碎冰机碎好的碎冰放入搅拌器，然后放入所需的酒水材料（水果须事先切成小块）。盖上盖子，插上电源，启动开关。直到搅拌器内不再发出“嘎吱嘎吱”声，而发出均匀的“嗡嗡”声时（大约20秒，视搅拌机的马力而定），关上电源。打开盖子，检查是否调好。取下搅拌器的杯子部分，用调酒匙将饮品盛入鸡尾酒载杯中。

先放碎冰块，再放酒水材料。此法适用于基酒与某些固体实物混合的饮品，尤其是含有水果或果汁、鸡蛋的鸡尾酒。搅拌机、碎冰机是制作不含酒精的奶昔类饮品、冰沙等的好助手。

（二）准备工作

整理操作台，按照配方把所需要用的酒水、装饰物、调制的用具找出来，放在操作台上。

图 3–51　准备材料

准备鸡尾酒杯和新鲜的冰块。先将鸡尾酒杯用精细盐圈上“盐边”待用。

图 3–52　柠檬擦边

图 3–53　鸡尾酒杯“盐边”效果

（三）制作鸡尾酒

（1）放入适量的冰块到碎冰机的杯胆中，启动开关；停机取碎冰约 3/4 杯，倒入搅拌机里。

图 3–54 碎冰

图 3–55 碎冰加入搅拌机

（2）往搅拌机里倒入龙舌兰酒（特基拉酒）28 毫升 、君度柑香酒 14 毫升、柠檬汁 14 毫升，启动开关，搅拌 10~15 秒钟，停机倒入鸡尾酒杯中。

图 3–56 加入其他酒水搅拌

图 3–57　倒出酒水

（3）将装饰物柠檬片挂于杯边。

图 3–58　加上柠檬杯饰

（四）成品服务

请客人饮用调制好的鸡尾酒。

图 3–59　出品服务

（五）结束调制

制作完毕，应将酒水、物品归于原位。清洁搅拌机和量酒器及台面。

Nicole喜欢以特基拉酒为基酒调制的鸡尾酒，因为杯口的盐分与杯中的酒水能够带来复合的味道，让人顿时清醒。她还喜欢连着碎冰一起饮用，这样能够带来更加惊奇的感受。通过上述的学习，Nicole跃跃欲试调制了这款集酸、辣、咸、凉为一体的鸡尾酒！

图 3-60 经典鸡尾酒代表

四、使用兑和法制作

运用兑和法调制的鸡尾酒，色彩多样，层次鲜明，客人在品尝的过程中，从视觉感受到美与和谐，从嗅觉感受到香甜，各色的酒液可以带给客人不同的联想或是想象。

（一）兑和法工具、杯具的选用

使用吧匙来协助酒与酒之间的分层效果时，吧匙背面朝上，斜搭在酒杯边。

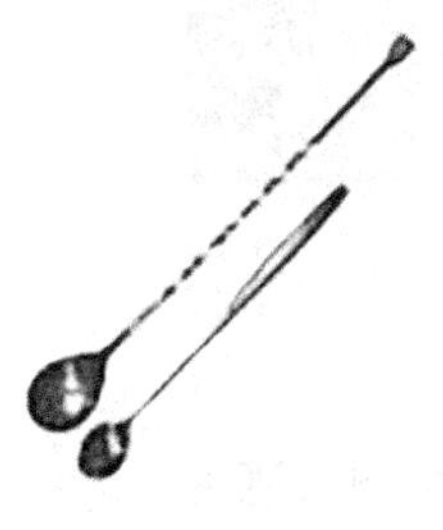

图 3-61 吧匙

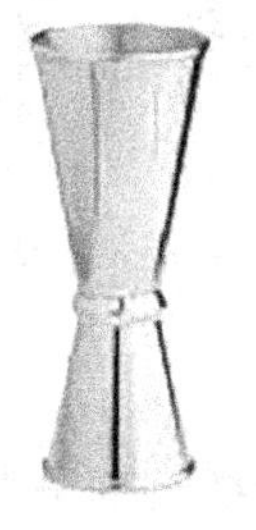

图 3-62 量酒器

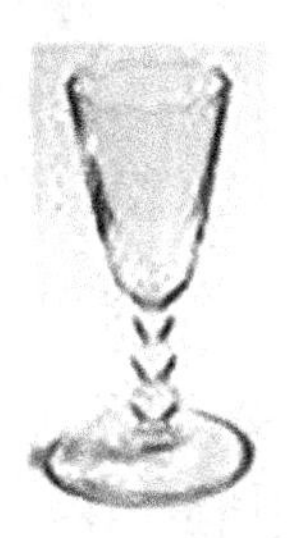

图 3-63 利口酒杯

（二）兑和法的操作要领及注意事项

（1）调制时，先倒入相对密度大的酒水，后倒入相对密度小的，无糖分的放在最后。如果不按顺序斟注，或两种颜色的酒水的含糖度相差甚少，就会使酒水混合在一起，配制不出层次分明、色彩艳丽的多色彩虹酒。

（2）操作时，不可将酒水直接倒入杯中。为了减少倒酒时的冲力，防止色层融合，可用一把吧匙斜插入杯内，匙背朝上，再依次把各种酒水沿着匙背缓缓倒入，使酒水从杯内壁缓缓流下。

（3）配制多色酒的关键是，要准确掌握各种酒水的含糖度，含糖度越高，其相对密度越大，反之则越小。配制多色酒宜选用含糖度（相对密度）各不相同、色泽各异的酒。

（4）配制多色酒，还要注意注入的各种颜色的酒水量要相等，看上去各色层层次均匀、分明，酒色鲜艳。

（5）操作时，动作要轻，速度要慢，避免摇晃。

（6）配制成的多色酒，不宜久放，否则时间长了，酒内的糖分容易溶解，会使酒色互相渗透、融合。

（三）准备工作

（1）整理操作台。

（2）按照配方把所需要用的酒水、调制的用具找出来，放在操作台上。

（3）准备利口酒杯。

图 3-64　准备兑和法的调酒原料

（四）调制鸡尾酒

（1）使用量酒器量取 5.6 毫升红石榴糖浆，直接倒入酒杯。

图 3-65 加入绿薄荷利口酒

（2）使用量酒器量取 5.6 毫升绿薄荷利口酒，一手拿吧匙，其背面朝上，斜搭在酒杯边，另一手缓缓地把酒倒入杯中。

（3）使用量酒器量取 5.6 毫升樱桃白兰地，一手拿吧匙，其背面朝上，斜搭在酒杯边，另一手缓缓地把酒倒入杯中。

图 3-66 加入樱桃白兰地

（4）使用量酒器量取 5.6 毫升君度橙味利口酒，一手拿吧匙，其背面朝上，斜搭在酒杯边，另一手缓缓地把酒倒入杯中。

（5）使用量酒器量取 5.6 毫升白兰地，一手拿吧匙，其背面朝上，斜搭在酒杯边，另一手缓缓地把酒倒入杯中。

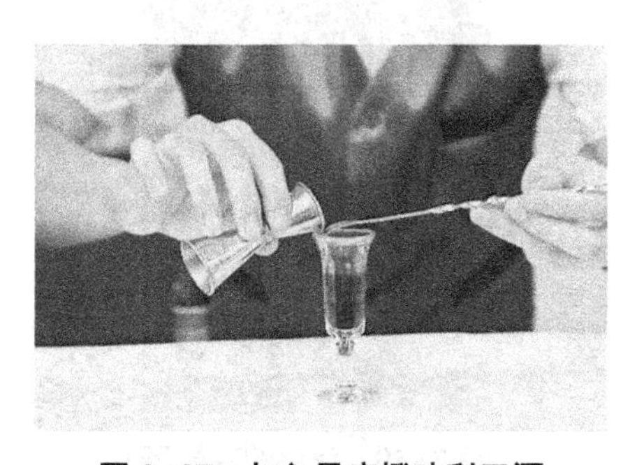

图 3-67 加入君度橙味利口酒

（五）成品服务

请客人饮用调制好的鸡尾酒。

图 3–68　酒水服务

（六）结束调制

制作完毕，应将酒水、物品归于原位。清洁量酒器及台面。

小案例

情人节的晚上，某酒吧客人来来往往，几乎满座。这时，3 号台的一对情侣叫服务员 Jean 点单。Jean 发现他俩犹豫不决，于是 Jean 为男客人推荐了椰林飘香，为女客人推荐了天使之吻，而此款鸡尾酒正是运用了兑和法调制的。Jean 是这样向客人介绍天使之吻这款酒的特色的：可可利口酒配搭白色的鲜奶油，小巧的利口酒杯上装饰一粒红樱桃，非常可爱，酒精量低，十分适合女性品尝，而且在本酒吧很受欢迎。

图 3–69　浪漫的鸡尾酒

技能评价

实操项目	序号	内　容	具 体 指 标	评判结果			
				优	良	合格	不合格
使用摇和法制作	1.1	准备工作	（1）操作台清洁、无杂物 （2）酒水等物品的摆放整齐				
	1.2	调制环节	（1）鸡尾酒杯冰杯的量不高出杯边 （2）量酒器没有刻度，把握如何要靠目测和心算 （3）打开鸡蛋时，检查是否变质 （4）装饰物可事先切口准备好，放在干净的器皿里 （5）挂杯边时一手扶杯脚、一手操作为妥				
	1.3	物品归位清洁	（1）台面如有滴洒的酒水，抹干净 （2）摇酒壶和量酒器每次用完尽快冲洗干净				
使用调和法制作	2.1	准备工作	（1）操作台清洁，无杂物 （2）酒水等物品的摆放整齐				
	2.2	调制环节	（1）为保持吧匙的卫生，将之放在干净的盛有水的杯子里或是用干净的餐巾垫放 （2）为方便操作，可在准备材料时用酒嘴套到酒瓶口上，这样既可以减少频繁地拧开瓶盖、旋上瓶盖的动作，又能保持瓶装酒的卫生 （3）建议一手扶柯林斯杯的底部，一手持吧匙搅拌，防止用力不均，酒杯翻倒				
	2.3	物品归位清洁	（1）台面如有滴洒的酒水，抹干净 （2）量酒器每次用完尽快冲洗干净 （3）吧匙放回原位				

续表

实操项目	序号	内　容	具 体 指 标	评判结果			
				优	良	合格	不合格
使用搅和法制作	3.1	准备工作	（1）操作台清洁，无杂物 （2）碎冰机、搅拌机清洗干净待用 （3）酒水等物品的摆放整齐 （4）盐边或糖边要求杯沿看起来就像挂了霜似的，闪着银光				
	3.2	调制环节	（1）保持碎冰机、搅拌机周围的干爽，启动、关闭要快速，避免空转及受损；运转时，头部、手不要伸入 （2)装饰物可事先切口准备好，放在干净的器皿里 （3）挂杯边时一手扶杯脚、一手操作为妥				
	3.3	物品归位清洁	（1）台面如有滴洒的酒水，抹干净 （2）搅拌机和量酒器每次用完尽快冲洗干净 （3）碎冰机、搅拌机不用时关闭电源				
使用兑和法制作	4.1	准备工作	（1）操作台清洁，无杂物 （2）酒水等物品的摆放整齐				
	4.2	调制环节	（1）避免酒与酒之间的混合，每倒取一种材料，量酒器换一次或是稍微洗一洗 （2）酒液倒入杯子时，要用吧匙的背面稍作缓和，以防酒与酒直接混合 （3）为保持吧匙的卫生，将之放在干净的盛有水的杯子里或是用干净的餐巾垫放				
	4.3	物品归位清洁	（1）台面如有滴洒的酒水，抹干净 （2）吧匙和量酒器每次用完尽快冲洗干净				

项目三 鸡尾酒会组织

鸡尾酒会亦称酒会，通常以酒类、饮料为主招待客人。鸡尾酒会是西式宴请的一种特有形式，常用于社会交际活动，如各种节日庆祝，欢迎代表团访问，各种大型活动的开幕、闭幕典礼，文体演出前后，新闻发布会后，庆贺开业等重要喜事。鸡尾酒会形式简单、方便、活泼，主要是喝饮料并为宾客提供一个社交的场所，节省费用，节约时间，所以，它是一种很受欢迎的宴会形式。鸡尾酒会可在室内和室外举行，一般是立餐，不设主宾席，宾客可以随意走动，自由交谈。鸡尾酒会组织，是指酒吧收到酒会布置通知后拟定接待计划并筹划设计、酒会前的场地布置和餐前准备工作、酒会中的对客服务以及酒会后的整理收吧工作。酒吧应精心设计准备，力求为客人提供优质的服务。

图 3–70 鸡尾酒会现场

基础知识

一、鸡尾酒会的特点

（一）正餐之前只备酒水和点心的酒会

鸡尾酒会实际是以品尝多种酒配制的混合饮料为主的宴会，所以除饮料、鸡尾酒、各种酒（不包括烈性酒，但一般酒的品种较多）外，一般不备正餐，只提供各种下酒小吃，如三明治、面包、曲奇饼、切块水果等，这些小点心和水果一般用小的餐叉或牙签直接取食，因此鸡尾酒会不属于正餐。鸡尾酒会有明确的时间限制，一般安排在下午 5 ~ 7 时，这在美国叫作鸡尾酒时间。

（二）酒会主题鲜明

鸡尾酒会的作用各异，要求场地设计必须切合宴会主题，营造或浪漫或庄重或热烈的氛围，打造完美的鸡尾酒会。无论是在酒吧户内、户外的花园或庭院，还是城市广场或高尔夫球场等客人指定的场所，承办的酒吧都可以从环境、餐具、桌布、饰品及小摆设、绿化和鲜花、各种光线和色彩等细节处来设计考虑，让酒会的布置烘托出宴会的主题风格。酒会一般不需用太亮的照明，而用微暗的灯光来调控酒会的气氛。在酒会现场可以设置小型的舞台，舞台不可太高，否则会让人感觉拒人千里。与其他宴会的舞台一样，酒会舞台的灯光要亮些，以显示舞台的中心作用。酒会上还可播放一些舒缓的音乐，但音量须调得低些，以不妨碍人们正常交谈为原则。

图 3–71　鸡尾酒会

（三）宾客自由度大

尽管鸡尾酒会在请帖上会约定固定的时间，但实际上，何时到场一般可由宾客自己掌握，不一定非要准时到场。参加酒会，不必像正式宴请那样穿着正式，只要做到端庄大方、干净整洁即可。酒会上就餐采用自选方式，宾客可根据自己口味偏好去餐台和酒吧选择自己需要的点心、菜肴和酒水。酒会上，用餐者一般均须站立，没有固定的席位和座次。由于不设座位，酒会具有较强的流动性。有时候为了照顾一些老年人或残疾人士，也会安排一些座椅供他们休息，这些桌椅一般靠边摆放，不影响大部分宾客的交流。酒会现场一般不设菜台，也不设座位，不配备刀叉，只布置一些小圆桌，以便宾客放置酒杯或点心碟。小圆桌上可以点燃一盆蜡烛花，以增添酒会气氛。酒会开始后，由服务员端着酒水巡回敬让，宾客自由选取，站立用餐。在酒会现场周围或正中心摆放酒吧台，供服务人员兑酒水和备餐用。宾客也可自行到酒吧台取用。客人赴宴都是站着边谈边吃。由于不设座椅，客人四处走动，增加了人们沟通的机会。酒会的餐台布置较简单。酒水和小吃大都放在托盘里，由服务员在宾客中穿梭、往返，端到客人面前，让客人自由挑选。由于不摆放餐座餐椅，鸡尾酒会现场可容纳的人数相对较多。在选择场地时，要考虑场地既不能太大，又不能太小，以免妨碍人们的走动和服务员的服务。

二、鸡尾酒会上的酒品

鸡尾酒会上的酒品分为两类，即含酒精的饮料和不含酒精的饮料。

（一）含酒精的饮料

一般说来，鸡尾酒会提供的酒精饮料可以是雪利酒、香槟酒、红葡萄酒和白葡萄酒，也可以是混合葡萄酒，还可以是各种烈性酒和开胃酒。而所谓鸡尾酒，主要由酒底（一般以蒸馏酒为主）和辅助材料（鸡蛋、冰块、糖）等两种或两种以上材料调制而成。鸡尾酒具有口味独特、色泽鲜明的特点。鸡尾酒调配的方式以及调配的效果如何，一要看客人的口味偏好，二则依赖主人及调酒师的手艺。鸡尾酒的饮用方法也因时令而有所不同。

（二）不含酒精的饮料

鸡尾酒会上还应准备至少一种不含酒精的饮料，如番茄汁、果汁、可乐、矿泉水、姜汁、牛奶等。这些不含酒精的饮料一般可以起替代含酒精饮料和调制酒品的作用。

图 3–72　酒会酒水的选择

实操任务

一、制定接待计划

鸡尾酒会的组织是否可以取得成功，最重要的是前期的各项准备工作，特别是接待计划的制定。只有精心策划筹备，才能带给宾客优质服务和惊喜，确保酒会服务顺利完成。

（一）熟知酒会标准

酒吧预订员要熟悉酒吧设施设备及接待能力，具有丰富的酒水饮料知识。客人预订酒会时，清楚记录下预订内容、具体要求、人数、性质、标准和主办单位地址、电话、预订人等信息。

（二）编写酒会接待计划

酒吧接到酒会布置通知单后，着重留意酒会性质或主题，举办的时间、地点、人数、具体形式等信息，有针对性地制定详细的酒会接待计划。计划一般包含以下各项内容：

（1）活动简介：包括时间、地点、与会人数、酒会主题、形式（纯酒会或有演出和抽奖以及商洽等项目）、食品饮品等。

（2）会场布置：场地入口布置、装饰、签到台、主活动区域、场地灯光音响、主持人台、临时酒吧、自助餐台等。

（3）活动安排时间表：入场、嘉宾介绍、致辞、香槟塔仪式、酒会开始等。

（4）酒会人员安排：酒会人员指酒会管理人员、调酒师以及酒会服务员。应根据酒会的形式、接待规格和与会人数合理安排酒会人员。

此外，还应拟订酒会物品清单，需具体筹备的项目如酒单酒水、人员培训、场地布置方案和舞台灯光音响各项工作的落实等。

二、实施酒会流程

鸡尾酒会的准备工作和服务程序与自助餐大致相同。和自助餐相比，鸡尾酒会的临时吧台则要大些，有需要时还设置两个，以方便对客服务。酒会的实施流程包括场地布置、临时酒吧设置、酒水酒具准备、调制鸡尾酒和混合饮料、迎接客人、酒水服务和巡台服务等。

（一）布置鸡尾酒会场地

按接待计划的场地布置平面图布置好酒会现场，布置应与主办单位的要求、酒会的等级规格相适应。大型酒会还应根据主办单位要求设签到台、演说台、小舞台、麦克风、摄影机等。酒会主色调、场地的绿化和鲜花装饰应体现酒会的主题和档次。服务区域的食品台、吧台、服务台和收餐台安排有序，合理分布。

图 3–73 户外鸡尾酒会

（二）设置临时酒吧，准备酒水、酒具

根据接待计划的场地布置平面图示设置临时酒吧（一般设置在靠近酒会入口处，方便主人招呼来宾）。一般中小型酒会设置一个临时酒吧，大型酒会按每100 个客人一个临时酒吧的标准设置。

根据接待计划准备酒水和调制鸡尾酒所需要的原料。按酒水性质和饮用方法作预处理，需要冰镇的酒水和饮料要提前做好准备，所有酒水饮料应在酒会开始前 30 分钟全部准备好。

图 3–74 鸡尾酒会的酒具

根据接待计划准备所需的各种酒杯。酒会常用的酒杯主要有柯林斯杯、高杯、啤酒杯、少量的鸡尾酒酒杯和葡萄酒酒杯等。如果酒会有香槟酒祝酒环节，需准备香槟酒酒杯。所有酒杯均需擦拭干净，无破损、无水迹、无手印和水雾。酒杯需按酒会人数的 3 倍准备，一部分事先摆放在临时吧台用于提前倒入酒水和混合饮料，另一部分装在杯筛放旁边工作台备用。

（三）调制混合饮料，提前斟倒酒水

鸡尾酒会中的混合饮料应提前 30 分钟调制好，数量以计划接待人数的 2 倍为宜。一般中小型酒会提前 10 分钟斟倒酒水，大型酒会提前 20 分钟斟倒酒水。

（四）提供酒会中的服务

（1）迎接宾客：酒会即将开始前，再次检查所有准备工作，检查仪容仪表；酒会开始时，所有酒会服务人员在自己的工位处，配合主办单位人员热情欢迎客人。

（2）酒水服务：10 分钟之内把事先准备好的酒水饮料以服务员托送的方式送呈给客人，或主动为站在吧台前的客人提供酒水服务。补充杯具酒水，斟倒酒水进行下一轮酒水服务。

（3）小食服务：酒会中，大多数宾客会手中拿杯不停地与他人交谈。所以，服务员应分区负责，除了为客人托送鸡尾酒、饮料外，还应用银盘托一些点心和小吃至宾客面前，供宾客取用品尝。

图 3–75　酒会点心

（4）巡台服务：宾客进餐过程中，服务员还要勤收空杯碟。注意，不可同时送酒又同时收空杯。应保持收餐台和其他台面的整洁卫生。及时为宾客续加酒水饮料。

（5）祝酒服务：主人致辞、祝酒时，由专门的服务员托酒瓶和酒杯，站在主人右侧或跟随主人到各处。另外，还要保证每一位客人手中有酒品，以作祝酒之用。

（6）送客服务：酒会结束，征求主办单位和客人意见，及时递送客人衣物帽子，热情欢送客人，希望客人能再次光临。

三、收拾酒会场地

（一）清点酒水用量

酒会结束前 10 分钟开始清点酒水实际用量，填写“酒会酒水销售表”，并将销售表分别交会计、收款以及酒水部保存。

（二）收餐工作

客人离开后快速清台收拾，及时清理现场，检查是否有客人的遗留物品及燃着的烟头；撤除临时吧台等临时设备，将各种餐具酒具洗净擦干后交管事部保管或清洁后入餐具柜，调酒等用具送回酒吧工作区域。

（三）恢复酒吧日常营业布局

搞好酒会现场的清洁卫生工作，恢复酒吧原来的布局及陈设，以利于次日的正常营业。关闭电源、门窗，做好酒吧的安全保护工作。

技能评价

实操项目	序号	内　容	具 体 指 标	评判结果			
				优	良	合格	不合格
制定接待计划	1.1	熟知酒会标准	准确掌握酒吧设施设备，酒水饮料知识比较丰富，礼节礼貌良好，能用外语提供预订服务，能够根据客人要求准确预订				
	1.2	编写酒会接待计划	准确区分酒会性质，制定详细的切合主题的酒会接待计划，画出场地布置平面图				
实施酒会流程	2.1	布置鸡尾酒会场地	准确按照场地布置平面图布置好酒会现场，布置上体现主办单位的具体要求，酒会主色调、场地绿化和鲜花装饰体现出酒会的主题和档次				

续表

实操项目	序号	内 容	具 体 指 标	评判结果			
				优	良	合格	不合格
实施酒会流程	2.2	设置临时酒吧，准备酒水、酒具	（1）根据接待计划的场地布置平面图示正确设置临时酒吧，酒会开始前30分钟备好酒水和调制鸡尾酒所需要的原料，按酒水性质和饮用方法做好预处理 （2）准备足够的所需酒杯，一部分摆放在临时吧台，一部分装在杯筛放旁边工作台备用				
	2.3	调制混合饮料，提前斟倒酒水	提前30分钟调制好2倍于计划接待人数的混合饮料；中小型酒会开始前10分钟斟倒好酒水，大型酒会提前20分钟斟倒好酒水				
	2.4	提供酒会中的服务	（1）仪容仪表端庄，热情迎客 （2）酒会开始10分钟内以服务员托送的方式为客人进行酒水服务，及时补充杯具酒水进行下一轮酒水服务，用银盘规范托送点心和小吃至宾客面前供宾客取用品尝 （3）勤收空杯碟，保持收餐台和其他台面的整洁卫生 （4）主人致辞、祝酒时，服务员托酒瓶和酒杯，站在主人右侧或跟随主人到各处 （5）酒会结束时热情送客				
收拾酒会场地	3.1	清点酒水用量	准确清点酒水实际用量，正确填写“酒会酒水销售表”				
	3.2	收餐工作	（1）快速清台收拾，及时清理现场 （2）正确方法清洗餐具，酒具恰当保管，调酒用具及时送回酒吧工作区域				
	3.3	恢复酒吧日常营业布局	（1）按规定搞好清洁卫生，恢复酒吧原来布局 （2）关好水、电、门窗				

课后作业及活动

一、填空题

1. 鸡尾酒主要由__________构成。

2. 新鲜冰块的特点是质地__________。

3. 酒吧中常用的六大基酒是指__________。

二、判断题（对的在括号内打“√”，错的在括号内打“×”）

1. 鸡尾酒是一种量少而冰镇的酒，它以朗姆酒、威士忌，以及其他烈性酒或葡萄酒为基酒兑制而成。 （ ）

2. 调制鸡尾酒时，先放基酒，然后放冰块，最后放配料。 （ ）

3. 可以随意更改西方的分量调制鸡尾酒。 （ ）

4. 普通鸡尾酒摇晃时间为10~15秒。 （ ）

5. 摇酒时，单手摇与双手摇都可以。 （ ）

6. 摇酒时手心要紧靠摇酒壶，以防摇酒壶脱落。 （ ）

7. 汽水类（碳酸饮料）原料可直接倒进调酒壶内。 （ ）

8. 烈酒可以与任何味道的酒或其他饮料相搭配，调和成鸡尾酒。 （ ）

9. 用调和法调制的鸡尾酒，大部分都是由澄清的辅料和基酒混合而成的，比摇和法更能保持酒的原味。 （ ）

10. 吧匙放入或拿出杯中时，匙背朝上朝下都行。 （ ）

11. 碳酸饮料包括可乐、雪碧、七喜、苏打水等。 （ ）

12. Strainer翻译成中文是滤冰器。 （ ）

13. 使用碎冰机、搅拌机时，手不要带水，注意电源开关的启动和关闭。（ ）

14. 为加快制作的速度，可以直接把冰块放入搅拌机中。 （ ）

15. 当鸡尾酒中含有水果或固体物质时，采用搅和法为宜。 （ ）

16. 启动搅拌机制作一款鸡尾酒或是饮品时，一般约20秒即可。 （ ）

17. 往搅拌机放原料时，先放酒水材料，再放碎冰块。 （ ）

18. 倒酒水要使用量杯，不要随意把酒斟入杯中。 （ ）

19. 为了减少倒酒时的冲力，防止色层融合，可用一把吧匙斜插入杯内，匙面朝上。 （ ）

20. 调制时，相对密度大的酒水先倒入，相对密度小的后倒入。 （ ）

21. 配制多色酒，注入的各种颜色的酒水量可递减或递增。 （ ）

22. 酒杯要擦干净，透明光亮；调制时，手只能拿酒杯的下部。 （ ）

三、单项选择题

1. 当鸡尾酒中含有牛奶、糖浆和鸡蛋时，采用（ ）为宜。

A. 兑和法　　B. 调和法　　C. 摇和法　　D. 漂和法

2. 单手摇壶的操作要领是（　　）。

A. 摇动的力量要小　　B. 尽量使手腕用力

C. 尽量使手臂用力　　D. 摇动的速度要慢

3. 在鸡尾酒调制中进行示瓶时，应用右手托住（　　）。

A. 瓶子上底部　　B. 瓶口　　C. 瓶子下底部　　D. 瓶颈

4. 常见的调酒壶容量有（　　）和 530 毫升。

A.200 毫升、220 毫升　　B.150 毫升、280 毫升

C.190 毫升、290 毫升　　D.250 毫升、350 毫升

5. 双手摇壶时，以（　　）托住壶底。

A. 左手中指　　B. 右手无名指　　C. 左手食指　　D. 右手食指

6. 滤冰器的过滤网通常是（　　）。

A. 六角形或半圆形　　B. 八角形

C. 正方形或长方形　　D. 圆形

7. 鸡尾酒以（　　）为基酒。

A. 金酒、啤酒　　B. 波特酒、清酒

C. 金酒、白兰地、其他烈酒　　D. 葡萄酒、啤酒

8. 在调和鸡尾酒时，右手的无名指和（　　）夹住吧匙柄的螺旋部分。

A. 大拇指　　B. 食指　　C. 中指　　D. 小指

9. 使用酒嘴时，应安装在（　　）。

A. 瓶底　　B. 酒瓶口　　C. 瓶身　　D. 瓶颈

10. 在鸡尾酒调制中进行示瓶时，应把瓶子倾斜（　　）展示给客人。

A.60 度　　B.45 度　　C.30 度　　D.15 度

四、案例分析

不按程序办，行吗?

有一天，某酒吧有位客人在吧台向调酒员点了一份“金汤力”。该饮料是用一份（1 盎司）金酒加适量汤力水制成的。

调酒员接受点单后就立即当着客人的面随手倒了一份金酒，然后兑上汤力水递给客人。客人不接受，认为金酒量不足，要求退货。后来，调酒员只好重新用量杯给客人重新调制了一份。

【案例思考】

1. 你从该案例中得到了什么启示?

2. 在你看来，服务人员在服务过程中，有哪些方面是需要注意的?

模块四　啤酒与软饮料服务

在酒吧里，人们往往喜欢啤酒和软饮料的消费，鸡尾酒的消费反倒是一种观赏性为主的行为。因此，啤酒和软饮料逐步成为酒吧的利润重点，甚至有些酒吧就以啤酒作为其主题以吸引更多的顾客。本模块主要介绍啤酒的种类和啤酒服务，以及软饮料的种类和软饮料服务。

学习目标

◆能描述啤酒的定义和生产过程，正确区分生啤酒、熟啤酒和纯生啤酒的异同。

◆能根据不同种类的啤酒使用恰当的杯具进行服务，向客人介绍啤酒。

◆能描述软饮料的定义和类型，正确阐述不同类别软饮料的服务方式。

◆能根据水果特性正确选择鲜榨果汁方法，按鲜榨果汁的程序制作鲜果汁。

◆能描述饮品制作的原则、方法及途径。

◆能运用饮品创作知识，独立创作饮品。

项目一 啤酒服务

啤酒（Beer）是一种极具营养价值的饮品，是发酵酒中的一种。人们通常喜欢啤酒的那种天然的麦芽香气，也喜欢啤酒带来的香甜和清爽。啤酒的酒体带有一点点的轻盈，入口总能带来清爽的感觉，所以人们喜欢在夏天大口地喝冰啤酒。

图 4-1 制作啤酒的原材料

基础知识

一、啤酒相关知识

啤酒源于古埃及和美索不达米亚（今叙利亚东部和伊拉克境内）地区。啤酒是人类最古老的酒精饮料，是酒吧中最受欢迎的酒精饮品。啤酒是由大麦芽及其他谷类发酵酿制，再加入啤酒花调香的一种低酒精饮料。啤酒素有“液体面包”之称，是一种营养丰富的低酒精饮料。啤酒含有丰富的 B 族维生素和大量的氨基酸。啤酒的最大特点是富含泡沫和二氧化碳。酒精含量在 2.5%~7.5%。

二、啤酒的酿造原料

酿造啤酒的主要原料包括大麦、啤酒花、酵母、水。大麦（大麦芽）是酿造啤酒的主要原料。大麦芽由于含酶较多而应用最多、最广泛，其他的谷物如小麦、稻、玉米、燕麦和黑麦等也应用较为广泛。麦芽的成分和质量直接影响啤酒的风味和质量，故称麦芽为“啤酒的骨架”。啤酒花，又称为蛇麻花，它使啤酒具有独特的苦味和香气。

图 4–2 啤酒花

酵母是用以啤酒发酵的微生物，是一种将糖变成酒精和二氧化碳的活性酶。水，又称为“啤酒的血液”，在啤酒中占 90%。水质的好坏，直接影响啤酒的质量与风味。

三、啤酒的酿造过程

啤酒的制造过程称为酿造。酿造啤酒实际上是将淀粉转换成被称为“麦汁”的含糖液体，再利用酵母将麦汁发酵成含有酒精的啤酒。酿造过程包括：选麦→制浆→煮浆→冷却→发酵→陈酿→过滤→杀菌→包装→销售。

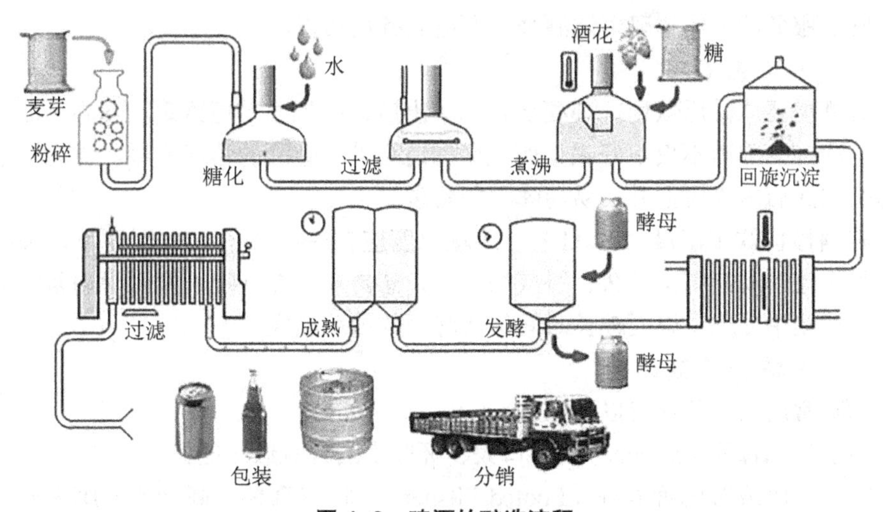

图 4–3 啤酒的酿造流程

四、啤酒的种类

啤酒按照杀菌方式不同可分为生啤酒、熟啤酒和纯生啤酒。

1. 生啤酒

生啤酒（Draught Beer）也称为鲜啤酒，是指包装后不经过巴氏杀菌的啤酒。生啤酒口味鲜美且营养丰富，但因酒液中存留着活性酵母，所以其稳定性较差，不利于保存，常温下保鲜期只有7天左右。生啤酒常用金属专用酒桶包装，饮用时需经过生啤机加工。

2. 熟啤酒

熟啤酒（Pasteurism Beer）是指经过巴氏杀菌的啤酒。经处理后的熟啤酒，稳定性好，保质期可达6个月，其口感不如生啤酒。常以瓶装或罐装形式出售。

3. 纯生啤酒

纯生啤酒（Pure Draft Beer）是指不经过高温杀菌而保质期同样达到熟啤酒标准的啤酒。纯生啤酒与熟啤酒的杀菌工艺不同，主要是通过一种特殊的无菌过滤设备（微孔膜）过滤除菌，即无菌冷过滤，从而保持啤酒液最原始、最新鲜的味道。相比熟啤酒，纯生啤酒风味稳定性好，口感更新鲜好喝，营养丰富。纯生啤酒保质期可达6个月，常以瓶装或罐装形式出售。

实操任务

一、啤酒服务前的准备工作

啤酒服务的工作一般由调酒师、酒吧服务员负责。

（一）注意事项

啤酒需要冰镇后饮用。啤酒从仓库拿出后，应先放雪柜冰镇。啤酒不能冷冻保存。冷冻的啤酒不仅不好喝，而且冷冻还会破坏啤酒的营养成分。注意：过度冷冻会造成瓶内气压上升，易使啤酒瓶爆裂。

啤酒最佳饮用温度为8~11℃，冷藏温度应在5~10℃。在此温度下，啤酒的泡沫最丰富，既细腻又持久，香气浓郁，口感舒适。在酒吧，调酒师通常将啤酒杯放入冰箱中冷藏，以便较长时间保持啤酒的饮用温度。

（二）辨识啤酒酒杯

酒吧常用的啤酒杯有以下三种：

（1）比尔森杯（Pilsner），杯口大、杯底小的喇叭形平底杯。

（2）高脚或矮脚啤酒杯（Footed Pilsner）。比尔森杯与高脚或矮脚啤酒杯常用于斟倒瓶装、罐装啤酒。

（3）生啤杯（Beer Mug），带有把手，酒杯容量较大。一般用于服务桶装生啤酒。

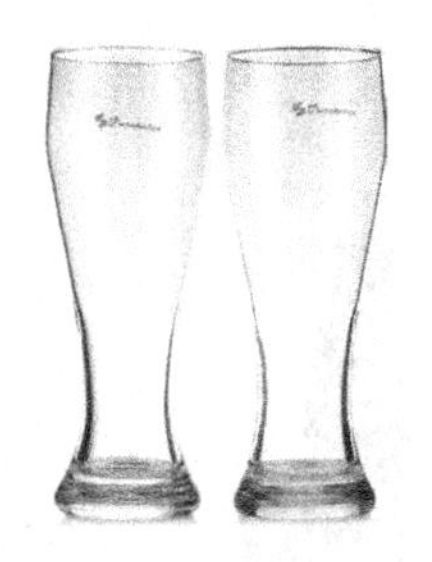

图 4-4 比尔森酒杯

图 4-5 高脚啤酒杯

图 4-6 生啤酒杯

二、进行啤酒服务

（一）向客人介绍啤酒

在酒吧，调酒师应在客人抵达 1 分钟内问候客人。如果由酒吧服务员引领，则由服务员热情问候并呈上酒水单。

酒吧服务员 / 调酒师："晚上好，先生 / 女士，欢迎光临 ×× 酒吧。我叫 ××，很乐意为您服务，请问先生 / 女士贵姓？"

客人："姓 ×。"

酒吧服务员 / 调酒师："× 先生，您好！这是我们酒吧的酒水单，请您选用。稍后给您点酒水，谢谢！"

（二）为客人点单

简单明确、礼貌地介绍酒吧现有的啤酒，注意举止大方，热情耐心。介绍啤酒时，应注意只向客人提供参考意见，不可强行推销。此外，要熟悉各类啤酒的品牌、价格和容量。

常用的服务用语如下：

"您好，× 先生，您需要些饮料吗？"

"× 先生，不妨选用新鲜的生啤，味道极佳。"

"× 先生，我们有科罗拉、喜力、百威、生力啤酒，您喜欢哪一种？"

"× 先生，今晚生力啤酒在我们酒吧做销售推广，您是否需要？"

（三）使用生啤机

1. 生啤机的结构

生啤机，也称为扎啤机、啤酒售酒器，它由制冷机、二氧化碳气瓶和扎啤桶三部分组成，三者之间用专用的导管相连接。其工作原理是，用二氧化碳气瓶里的高压二氧化碳气体把扎啤桶里的啤酒压出，使啤酒进入制冷机，然后从出酒嘴流出。通过扎啤机的啤酒，凉爽、口感好。生啤机系统一般放在前吧台上，生啤喷头安装在前吧台上。

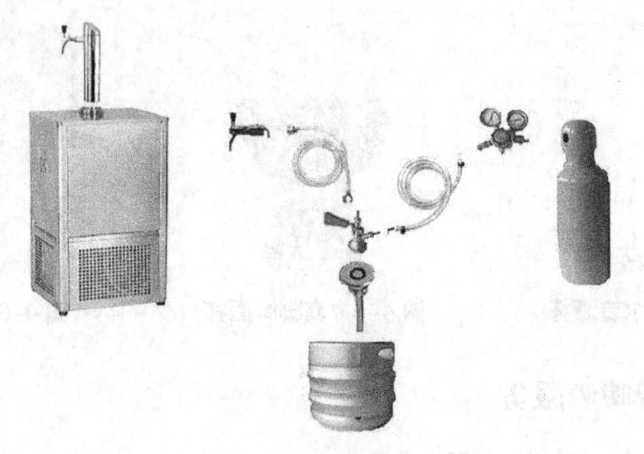

图 4–7　生啤机系统

2. 生啤机的使用

生啤机的操作较为简单。打生啤时，只需按压开关（配出器）就能流出啤酒。流出的酒液中会有很多泡沫，但几秒钟后泡沫会变少，这属于正常现象，泡沫的多少可由开关控制。

3. 生啤机的保养

生啤机长时间不用时，必须断开电源，卸下接管。生啤机必须每 15 天由专业人员清洗一次。

（四）啤酒出品服务

（1）将啤酒杯从冰箱中取出，用托盘把冷藏的啤酒、洁净的啤酒杯以及杯垫送至客人桌前。

图 4–8　啤酒泡沫

（2）先将杯垫放在桌子上，标识朝向客人，再将啤酒杯放在杯垫上。

（3）把啤酒顺着杯壁慢慢倒入杯中。倒酒时，酒瓶商标要始终朝向客人。斟倒啤酒时，杯口上必须带有一定泡沫，其厚度一般为 1.5~2 厘米。

（4）剩余的啤酒放在客人啤酒杯的右上角处的另外一块杯垫上，酒瓶商标朝向客人。高星级酒店的酒吧倒啤酒后，还会配送花生、青豆等小食。

（5）请客人慢慢品尝。

（6）当杯中的啤酒少于 1/2 时，应及时上前为客人添加啤酒。

（7）及时撤下空瓶罐，并适时进行酒水推销。

技能评价

实操项目	序号	内　容	具 体 指 标	评判结果			
				优	良	合格	不合格
进行啤酒服务	1.1	迎宾与酒品介绍	热情问候，及时询问客人姓氏，恰当地运用服务用语，并呈上酒水单				
	1.2	为客人点单	简单明确、礼貌地介绍酒吧现有的啤酒，注意举止大方，热情耐心				
	1.3	使用生啤机	正确操作生啤机出品生啤				
	1.4	啤酒出品服务	（1）正确使用杯垫，准备相应酒杯 （2）按要求斟倒啤酒，及时撤下空瓶罐，并适时进行酒水推销				

项目二　软饮料服务

软饮料是餐饮业内酒水销售内容的重要组成部分，其销售价格并不逊色于其他饮料。软饮料的消费对象多为女士和小孩。软饮料可用作单品销售，也可用于调制饮品。随着市场的变化，软饮料已经逐步在扩大其地盘，甚至有形成新的产业链的趋势。时尚创意饮品和无酒精鸡尾酒创作成为时下的一种潮流。

图 4-9 新式软饮料

基础知识

一、软饮料的种类

软饮料是指不含酒精的饮料，酒吧中通常称之为非酒精饮料。服务行业中一般把软饮料分为饮用水、汽水、果汁和时尚饮品四大类。

（一）饮用水

饮用水是一种密封于塑料瓶、玻璃瓶或其他容器中的，不含任何添加剂的，可直接饮用的水。饮用水主要分为矿泉水和蒸馏水两大类。

1. 矿泉水

矿泉水（Mineral Water），是指从地下深处自然涌出或经人工开发的、未经污染且含有矿物盐、微量元素或二氧化碳气体的地下水。

常见的品牌有：法国巴黎矿泉水（Perrier）、法国依云矿泉水（Evian）。

（1）法国巴黎矿泉水（Perrier）：被誉为“水中之香槟”，是一种天然含汽的矿泉水。

图 4-10 巴黎矿泉水

图 4-11 依云玻璃瓶装矿泉水

（2）法国依云矿泉水（Evian）：世界上销量最大的矿泉水，以无泡、纯洁、略带甜味著称，特别柔和。

（3）意大利圣蓓露矿泉水（San Pellegrino Terme)：起泡型天然矿泉水，因其pH值常年保持7.7而出名。

图4-12 西餐用水的标配——圣蓓露

2. 蒸馏水

蒸馏水，是以符合生活饮用水卫生标准的水为水源，采用蒸馏法、电渗析法、离子交换法、反渗透法及其他适当的加工方法，去除水中的矿物质、有机成分、有害物质及微生物等之后加工制成的水。

（二）汽水

汽水是一种富含二氧化碳的碳酸类饮料，由甜味料、香料、酸味料等物料与水混合压入二氧化碳制成。汽水是盛夏的冷饮佳品。饮用后，因二氧化碳排出时带走人体内的热量，所以产生凉爽舒服的感觉。常见的汽水有以下几种：

（1）可乐汽水（Cola)，一种含有可乐果提取物及其他调味品的汽水。常见的品牌有：可口可乐（Coca-Cola）、百事可乐（Pepsi Cola）、健怡可乐等。

（2）柠味汽水（Lemonade），一种由柠檬汁、水和糖制成的汽水。常见的品牌有七喜（7up）、雪碧（Sprite）等。

（3）苏打汽水（Soda Water），一种由碳酸钠、水组成的无香味汽水，多用于调制混合饮品。

图4-13 苏打汽水

（4）汤力汽水（Tonic Water），又称为奎宁水，是一种带有苦味的药味汽水。汤力汽水在紫外线灯光下呈蓝色。常见的品牌有屈臣氏（Watson's）等。

（5）姜味汽水（Ginger ale），一种伴有生姜香味的汽水。常见的品牌有屈臣氏（Watson's）等。

（6）橙味汽水（Orange）常见的品牌有美年达（Mirinda）、新奇士（Sunkist）等。

图 4–14 屈臣氏汤力

图 4–15 姜味汽水

图 4–16 新奇士汽水

（三）果汁

果汁品种繁多，主要分为浓缩果汁、罐（瓶）装果汁、非浓缩还原果汁、鲜榨果汁四大类。

（1）浓缩果汁，一种采用物理方法从原果汁中除去一定比例的天然水分制成具有原果汁相同特征的制品。浓缩果汁要稀释后才能饮用。浓缩果汁也常用作调酒的辅料。常见的浓缩果汁品牌有：新的浓缩果汁（Sunquick）。1 份浓缩果汁兑 9 份水。

（2）罐（瓶）装果汁，又被称为浓缩还原果汁，是在原果汁（或浓缩果汁）中加入水、糖、酸味剂等调制而成的。使用罐（瓶）装果汁，打开包装倒出后可直接饮用，无须兑水稀释。罐（瓶）装果汁具有质量稳定的特点，常用于调酒的辅料。常见种类有：橙汁、番茄汁、菠萝汁、西柚汁、柠檬汁等。

图 4–17 新的浓缩果汁

图 4–18 浓缩还原果汁

（3）非浓缩还原果汁（NFC），是一种将新鲜原果清洗后压榨出果汁，经瞬间杀菌后直接罐装（不经过浓缩及复原）的制品。非浓缩还原果汁完全保留了水果原有的新鲜风味。NFC 果汁的灌装分冷灌装、热灌装。冷灌装更利于保存原果汁的营养成分与口味，热灌装更利于果汁的保存时效性。

（4）鲜榨果汁，一种以新鲜或冷藏水果为原料，使用工具榨取的水果原汁。鲜榨果汁具有丰富的维生素，对人体健康很有益，深受消费者喜爱。按酒店卫生质量标准，鲜榨果汁在冰箱中只能存放 1 天。

图 4-19　NFC 果汁

图 4-20　鲜榨果汁

二、使用软饮料时的注意事项

（1）从金属罐头、纸包装中倒出的果汁或牛奶以及鲜榨果汁等软饮料，如果不能一次用完应马上倒入塑料容器中，并放入冰箱中保鲜。

（2）稀释浓缩果汁时，应使用冰水或冷开水，若使用热水稀释会出现变酸现象，直接影响果汁的质量。

（3）稀释浓缩果汁时，应注意掌握好用量，以免浪费。

三、软饮料的服务方式

1. 矿泉水的服务方式

矿泉水或蒸馏水饮用前需要冷藏，饮用温度为 8~12℃。斟倒矿泉水时，瓶口不能接触杯口边缘。出品时，通常使用水杯或高球杯（High Ball Glass），杯中不加冰块，可以询问宾客是否需要加入柠檬片。注意，必须在宾客面前打开罐装（瓶）装矿泉水。

2. 汽水的服务方式

汽水饮用前需要冷藏，饮用温度为 10℃。出品时，使用水杯或高球杯，在杯中加入半杯以上的冰块，可在杯中放入一片柠檬片以增加香味（橙汁汽水除外），最后插入吸管和搅棒。

3. 果汁的服务方式

罐（瓶）装果汁打开后可以保存 3~5 天。浓缩果汁开罐（瓶）后保鲜时间很短，放在冰箱中，浓缩状态下可以保存 10~15 天，稀释后只能存放 2 天。鲜榨果汁的保鲜时间为 24 小时。果汁的最佳饮用温度为 10℃。服务时，常用果汁杯或高球杯，斟至 85% 满，最后插入吸管。通常大部分果汁出品时不需在杯中加入冰块和柠檬。

实操任务

一、制作鲜果汁

果汁的品种很多，酒吧中主要分为鲜榨果汁、罐（瓶）装果汁以及浓缩果汁三大类。鲜榨果汁的制作方法有两种：一种是提前榨汁，放置在冰箱中备用；另一种是客人点单后，由调酒师立即榨取即时出品。酒吧可以根据实际情况灵活选择是预制还是现榨。酒吧中常备的鲜榨果汁有：橙汁、西瓜汁、杧果汁、苹果汁等。

（一）鲜榨橙汁

把橙子放入 60~70℃的热水中浸泡约 10 分钟；把处理好的橙子放在砧板上，切成两半；使用电动榨汁机榨汁时，把切开的橙子压放在转动的榨汁钻头上，配合机器压出橙汁；将果汁倒入容器并放置于冰箱中保鲜。

图 4–21 橙汁

（二）鲜榨西瓜汁

把西瓜皮切掉，将西瓜肉切成能放进通用榨汁机口大小的块状或条状，放进机内启动榨汁机进行榨汁，把果汁倒入容器并放置于冰箱中保鲜。

（三）鲜榨杧果汁

杧果洗净，去皮；将杧果肉放入搅拌机中，加入 600 毫升蒸馏水和 180 毫升糖浆；盖上机盖，启动搅拌机，把果肉与水充分搅匀；最后把果汁倒入容器并放置于冰箱保鲜。

图 4-22 西瓜汁

图 4-23 杧果汁

二、创作创意饮品

酒吧每个季度或每个月都会推出一些创意饮品，包括软饮料、酒精饮料。创意饮品应以客人能否接受为首要标准。创作要遵守调制原理，注意口味搭配。饮品的制作过程不宜太复杂，应便于操作，成本合理，具有商业价值。

1. 概念的确立

创作创意饮品决不能毫无目的地胡乱制作。需要明确所创作的饮品要表述什么思想，要提供给什么类型的顾客，用什么状态、什么形式提供，而且以什么价格售出（包括成本率）。

2. 命名

创作创意饮品时，首先要决定饮品的名称，因其诞生背景也是饮品创作过程的重要因素之一。在此基础上再确定与作品名称的形象相符合的原料（酒水）、形式或味道等。

3. 口味的探求

创意饮品味道的好坏是创作成功与否的关键所在。饮品的味道不好，就没有前途，得不到普及。此外，还要掌握所使用酒水及辅助材料的有关知识，并需要有一颗对这些材料组合会产生什么样味道的探求心。

4. 色彩的选择

色彩要在名称所能联想到的色彩中选择。

5. 决定成品形态

创意饮品以何种形式呈现，或者以什么形态呈现，十分关键。目前，饮品成形后的状态主要有液态、固态或冰沙状等。

6. 选择盛载容器

饮品的盛载容器外形美观，装饰得体，往往给人以视觉享受，从而体现出饮品的艺术性与技术性的统一。饮品的盛载容器一般会选用玻璃器皿。创作时可根据饮品作品的特点选择与之相配的容器形状，使饮品更具艺术魅力。

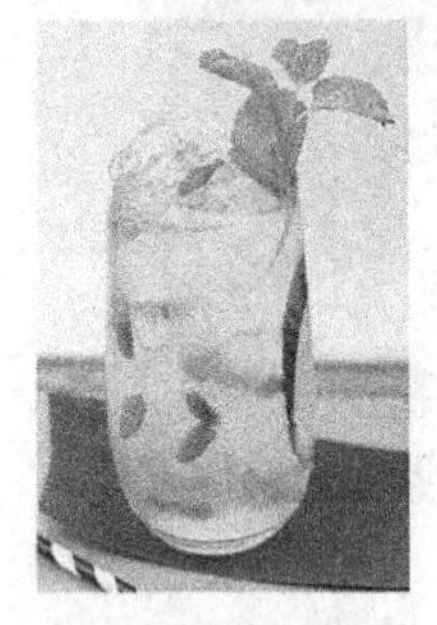

图 4-24　口味与功效协调

图 4-25　吸引人的色调

图 4-26　容器的创意

7. 定价

确定出售价格时，还要考虑饮品的成本率，以便有合理的利润。

技能评价

实操项目	序号	内　容	具 体 指 标	评判结果			
				优	良	合格	不合格
制作鲜榨果汁	1.1	准备物品	（1）准备榨汁机及相关用具 （2）热水浸泡橙子，并将之切成两半				
	1.2	压榨果汁	把切开的橙子压放在转动的榨汁钻头上，配合机器压出橙汁				
	1.3	果汁保存	果汁倒入容器并放置于冰箱中保鲜				
	1.4	收拾工具	工具清洗干净，收纳整齐、有序				
创作创意饮品	2.1	概念的确立	概念具有内涵和直观性，能够吸引顾客，具有一定的创新性				
	2.2	命名	名字能够表达创作的概念，朗朗上口				

续表

实操项目	序号	内　容	具 体 指 标	评判结果			
				优	良	合格	不合格
创作创意饮品	2.3	口味的探求	饮品的口味平衡，物质之间的融合和谐统一，融合后能够提升新的口味				
	2.4	色彩的选择	色彩光亮，与饮品的风味相一致，具有一定的吸引力，能够促进销售				
	2.5	决定成品形态	温度适当，口感好，容易饮用				
	2.6	选择盛载容器	与饮品的容量相一致，容易饮用，具有很好的装饰效果				
	2.7	定价	（1）能够详细列明配方及相关材料和器具的价钱 （2）能够体现最终定价的策略				

课后作业及活动

一、填空题

1. 啤酒酿造的主要原料有__________。

2. 酒吧中把果汁分三类，即________、________、________。________常用作调酒的辅料。

二、单项选择题（把选项填在括号内）

1. 啤酒有（　　）之称。

A. 生命之水　　B. 液体面包　　C. 圣洁之水　　D. 可爱之水

2. 啤酒的生产过程正确的是（　　）。

A. 选麦、煮浆、制浆、冷却、发酵、陈酿、过滤、杀菌、包装

B. 选麦、制浆、煮浆、冷却、发酵、陈酿、杀菌、过滤、包装

C. 选麦、制浆、煮浆、冷却、发酵、陈酿、过滤、杀菌、包装

D. 选麦、制浆、煮浆、冷却、发酵、过滤、陈酿、杀菌、包装

3. 啤酒的酒度一般在（　　）度。

A. 2~6　　B. 4~8　　C. 6~10　　D. 8~12

4. 作为一个设施、设备比较完善的酒吧，啤酒配出器应放置在（　　）。

A. 前吧　　B. 后吧　　C. 酒杯储藏柜　　D. 瓶酒储藏柜

5. 被誉为“水中香槟”的是（　　）。

A. Evian　　B. San Pellegrino Terme

C. Perrier　　D. Cola

6. 按酒店卫生质量标准，鲜榨果汁在冰箱中只能存放（　　）天。

A. 1 天　　B. 2 天　　C. 3 天　　D. 4 天

三、判断题（对的在括号内打“√”，错的在括号内打“×”）

1. 生啤杯一般用于盛装瓶装啤酒、罐装啤酒。（　　）

2. 酒吧中一般把软饮料分为浓缩果汁、罐（瓶）装果汁、鲜榨果汁三大类。（　　）

3. 法国出产的依云矿泉水是天然含汽的矿泉水。（　　）

4. 稀释浓缩果汁时不能直接用冷开水，应用热水。（　　）

模块五　咖啡制作与服务

咖啡饮品的制作是酒吧饮品制作的重要组成部分，专业的咖啡制作及服务能够帮助酒吧提高经营效益。对于一家具备一定规模的酒吧来说，咖啡师的聘用或培训也是一项很重要的工作。自20世纪90年代起，使用机器制作咖啡逐步在我国成为主流的咖啡制作技能，并迅速成为一种时尚和潮流。目前受到第三波精品咖啡浪潮的冲击，单一产区、单一品种的咖啡也逐步在市场上得到发展和认可，单品咖啡的制作成为新的发展方向。

学习目标

◆能描述高品质意式浓缩咖啡的视觉和口感，操作意式咖啡机制作口感良好的意式浓缩咖啡。

◆能描述高品质奶泡的视觉、口感及其对花式咖啡的重要性，并熟悉绵密热奶泡的操作程序。

◆能将优质的浓缩咖啡（Espresso）与高质量热奶泡进行融合，制作出外观和口感都较好的传统卡布奇诺咖啡。

◆能成功制作摩卡咖啡、焦糖拿铁咖啡、冰跳舞拿铁咖啡。

◆能描述精品咖啡的基本概念，并使用虹吸壶、手冲壶制作单品咖啡。

项目一　意式咖啡制作

在酒吧中使用意式半自动咖啡机制作咖啡，不但速度快，而且饮品的质量也有所保证。意式浓缩咖啡是咖啡饮品制作过程中极其重要的基础，只有制作出好的意式浓缩咖啡才能调制出好的咖啡。掌握咖啡制作的技能，需要了解意式浓缩咖啡的品鉴标准，正确使用意式半自动咖啡机并熟悉意式浓缩咖啡制作的流程。

图 5-1　萃取意式浓缩咖啡

基础知识

一、意式浓缩咖啡的定义及主要感觉指标

（一）意式浓缩咖啡的定义

意式浓缩咖啡（Espresso），是使用高压高温的方法迅速萃取的一款浓度极高的咖啡。主要以极热但非沸腾的热水（水温约为 90℃），以高压冲过研磨得很细的咖啡粉末，得到 25~35 毫升的咖啡液。

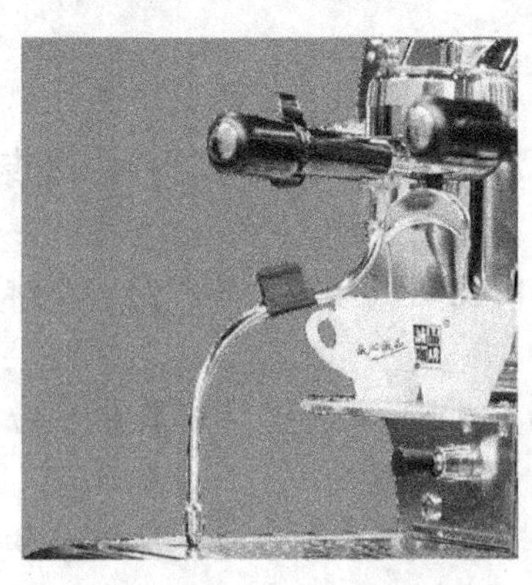

图 5-2　意式半自动咖啡机

根据 *Espresso Coffee：The Chemistry of Quality* 一书的定义，意式浓缩咖啡必须符合下列条件：咖啡粉的分量（一杯）约为 6.5 ± 1.58 克，水的温度为 90 ± 5℃，水的压力约为 9 ± 2 大气压力（Bar），萃取时间约为 30 ± 5 秒钟。

（二）意式浓缩咖啡的主要感觉指标

意式浓缩咖啡是一款非常浓烈而又健康的咖啡，风味突出，口感平衡，醇厚度突出，并有很好的余韵。

1. 视觉指标

意式浓缩咖啡的外观主要分成两部分：底部黑色的液体部分主要是咖啡豆在烘焙过程中，咖啡因、糖分及蛋白质焦化后形成的物质溶解到水中而形成的；顶部油脂状的物质是在高压的作用下，咖啡豆中的脂肪与各种酚类物质被迅速萃取出来形成的，是意式浓缩咖啡最精华的部分，被称为克立玛（Crema）。

图 5-3 意式咖啡油脂

意式浓缩咖啡的品质可以通过克立玛的颜色、持久性和黏稠度来进行基本的判断，通过视觉的基本情况可以很好地判断出咖啡冲煮的技术水平。

表 5-1 意式浓缩咖啡视觉判断标准

视觉指标	质 量 水 平		
克立玛（Crema）的色泽	榛子色（低）	深褐色（中）	微红色（高）
克立玛的黏稠度 / 持久度	有细小气泡，约 1 厘米厚，能见到点滴的黑色液体	表面比较光滑，约 2 厘米厚，放置一段时间后油脂减少	表面光滑发亮，约 2 厘米厚，摇晃很黏稠，油脂长时间不容易消散

2. 口感指标

意式浓缩咖啡讲究酸味、甜味、苦味三者的平衡（细心体会还会呈现一些咸味），而且这些味道的感觉非常细腻，有层次感。入口后，丰富的克立玛（Crema）使得咖啡的口感很饱满、顺滑，能够让饮用者感受到明显的黏稠感。饮用者能够清晰地分辨出酸味、甜味和苦味。优质的意式浓缩咖啡能够感受到甜度的丰富：在舌头的中后侧感觉到明亮的果酸（柠檬酸、苹果酸等）；咖啡的苦味会在口腔的后部呈现，但不会有明显的咬喉感；之后就会在口腔中出现甜味，而且保持很长的一段时间。

咖啡的香气非常丰富，主要来源于咖啡生长时的酶化程度，以及烘焙后出现的梅纳反应（Maillard reaction）和糖褐变反应。因此，咖啡的香气可以分成三个层次：第一层次主要表现在研磨后的干香气（Fragrance），呈现出花香、果香和草香味；第二层次表现在经过冲煮后会呈现出湿香味（Aroma），呈现出一定程度的花果香、坚果香、焦糖香及巧克力的香气；第三层次为香气在饮用者的上腭及鼻腔中呈现出的松香、香料及炭化的味道，这也是咖啡中重要的回甘享受。通常我们可以使用下列的表格来判断冲煮的咖啡是否完美。

表 5–2 意式浓缩咖啡的评判标准

视觉指标	质量水平		
味道平衡度	甜 / 酸 / 苦和谐，三者层次分明，无明显的杂味		
口感丰富	醇厚	完整	顺滑

二、牛奶咖啡品鉴

（一）牛奶咖啡的起源

1683 年，土耳其大军第二次进攻维也纳。当时的维也纳皇帝与波兰国王订有攻守同盟，波兰人只要得知消息，增援大军就会迅速赶到。但问题是，谁来突破土耳其人的重围去给波兰人送信呢？曾经在土耳其游历的维也纳人柯奇斯基自告奋勇，以流利的土耳其话骗过围城的土耳其军队，跨越多瑙河，搬来了波兰军队。奥斯曼帝国的军队虽然骁勇善战，但在波兰大军和维也纳大军的夹击下，还是仓皇退却了。走时，他们在城外丢下了大批军需物资，其中就有 500 袋咖啡豆。土耳其人控制了几个世纪不肯外流的咖啡豆就这样轻而易举地到了维也纳人手上，但是维也纳人不知道这是什么东西。只有柯奇斯基知道这是一种神奇的饮料。于是他请求维也纳人把这 500 袋咖啡豆作为突围求救的奖赏，并利用这些战利品开设了维也纳首家咖啡馆——Blue Bottle。

开始的时候，咖啡馆的生意并不好。原因是基督教世界的人不像穆斯林那样，喜欢连咖啡渣一起喝下去；另外，他们也不太适应这种浓黑焦苦的饮料。于是聪明的柯奇斯基改变了配方，过滤掉咖啡渣，并加入大量牛奶——这就是如今咖啡馆里常见的“拿铁”咖啡的原创版本。“拿铁”是意大利文“Latte”的译音，原意为牛奶。拿铁咖啡（Coffee Latte）是花式咖啡的一种，是咖啡与牛奶交融的极致之作。意式拿铁咖啡纯为牛奶加咖啡，美式拿铁则将牛奶替换成奶泡。

（二）奶泡的作用

奶泡的英文单词为“milk foam”。奶泡是花式咖啡中不可缺少的成分。细滑、绵密的奶泡能使咖啡浓香与其完美结合，口感丰富，芳醇；奶泡表面的张力使得咖啡师能够从容地在咖啡的表面创作出不同的艺术图案。在西方，人们将用奶泡表现图案的咖啡制作方式叫作“Latte art”，中文的意思是咖啡拉花艺术。

图 5–4　咖啡拉花

（三）奶泡的形成原理

奶制品可以分成全脂牛奶、低脂牛奶和豆奶。一般情况下，咖啡师在制作奶泡时都会选择全脂牛奶。牛奶之所以能够形成奶泡，与牛奶当中的成分有很大的关系。全脂牛奶在经过激烈的分子运动后，牛奶本身的饱和脂肪等成分发生了物理变化，会产生一些膨胀的泡沫，这就是我们所说的“奶泡”。由于咖啡师在制作过程中，所采取的制作方式不同，奶泡有冷的和热的。通常在咖啡店里喝的卡布奇诺咖啡（Cappuccino），其组成主要是细滑、绵密的奶泡加上牛奶和浓缩咖啡。

（四）牛奶咖啡品鉴标准

世界咖啡师冠军挑战赛（World Barista Championship Competetion，简称WBC）每年都会举行一次，是世界咖啡师最权威的比赛平台，其对牛奶咖啡的标准要求已经成为全世界最标准的咖啡制作感官要求。咖啡师应该按照下表的技术指标制作优质的卡布奇诺。

表 5-3 卡布奇诺技术及感官评价表

操作技巧评判： 1至5分			是	否
对磨豆机的理解		加咖啡粉前清洁 / 干滤器		
磨豆 / 倒豆过程中没有喷洒和浪费		清洁滤器手把		
正确地填压咖啡粉		冲洗泡头		
第一次萃取时间： 秒 第二次萃取时间： 秒		立即冲煮		
		冲泡时间（20~30 秒）		
牛奶： 1至5分			是	否
清洁奶壶		打奶泡前空喷蒸汽管		
奶壶的清空 / 清洁		打奶泡后清洁蒸汽管		
		打奶泡后空喷蒸汽管		
卡布奇诺的口味： 1至5分			是	否
视觉正确的卡布奇诺		是否选择正确的杯具		
奶泡厚度 / 持久度				
温度（不冷不热）				
味道平衡度（牛奶 / 浓缩咖啡的平衡）				

实操任务

一、制作意式浓缩咖啡

在酒吧中使用意式半自动咖啡机制作咖啡，不但速度快，而且饮品的质量也有所保证。意式浓缩咖啡是咖啡饮品制作过程中极其重要的基础，只有制作出好的意式浓缩咖啡才能调制出好的咖啡。

（一）准备工作

1. 启动咖啡机

打开注水开关，需要将咖啡机手柄轻轻地挂在蒸煮头上进行预热。

咖啡机注水结束后，将开关按钮开至锅炉加热位置。

咖啡机开启需要一段的预热时间，为 10~20 分钟。当咖啡机的仪表显示锅炉压在 1~1.5 巴（Bar），蒸汽压在 9~10 巴时，可进行咖啡制作。

图 5-5 西班牙 Iberital 意式咖啡机

2. 清理磨豆机

使用蘸有食用酒精的抹布擦拭储豆槽的里外，清洁遗留的咖啡油脂；再使用干抹布将储豆槽的里外抹干净。开动磨豆机，研磨磨盘内遗留的咖啡豆或咖啡粉，必要时需要拆卸磨盘进行刀片的清洁。

   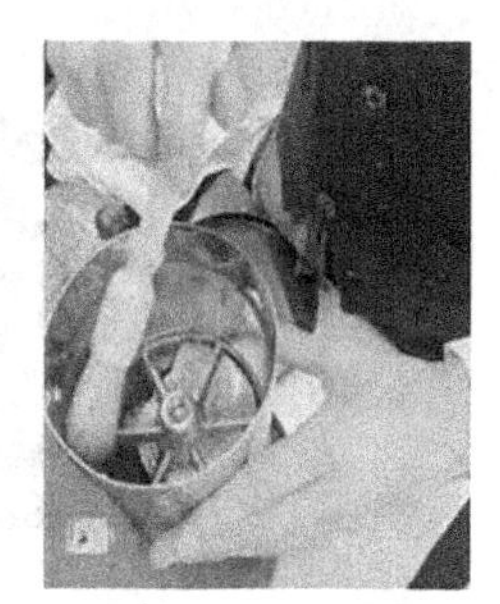

图 5-6 清洁磨豆机

先把磨豆机里的剩粉扫出储粉槽容器，由磨机出口、粉槽、储粉槽出粉口扫出；再进行储粉槽的深入清洁，将中央轴螺丝、螺帽、轴心弹簧依序卸下，取出分量器，清洁粉槽内部及分量叶片的粉垢。

（二）调校磨豆机

磨豆机的刻度并不是统一的，不同磨豆机的研磨度自然不同，应该用手感受咖啡粉的细腻程度。如果咖啡粉过细，则可以将咖啡磨盘刻度向左拨动合适的刻度，并同时启动磨豆机；如果咖啡粉过于粗糙，则将磨豆机开动，将磨盘刻度向右拨动一些。

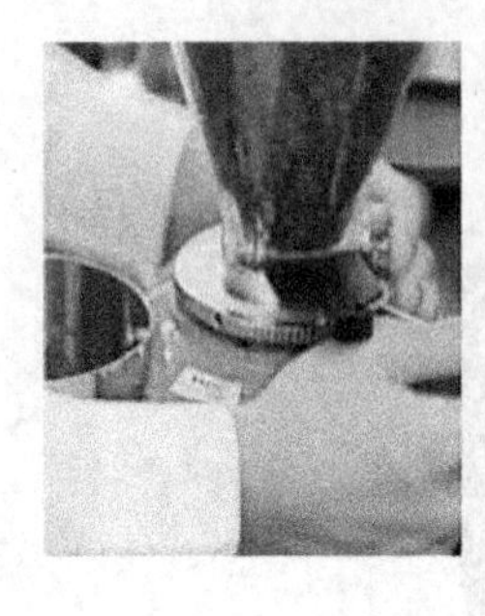

图 5-7　调试磨豆机

（三）咖啡机的清洁保养

（1）每日结束营业后，或不再使用咖啡机时，应先以无孔滤器盛装清洁用热水。

（2）待锁上冲泡头后，按任一萃取键 2~5 秒后再按停止键，并将无孔滤器中的咖啡渣及咖啡液倒出，开始清洁步骤。

（3）若咖啡机的冲泡头滤网为可拆卸式（中心为螺丝所固定），则用起子将螺丝、滤网及分水板卸下，浸泡于清洁液中。若不可拆卸，则直接进行下一步骤。

（4）卸下有孔滤网，套上无孔滤网。

图 5-8　装卸滤网

（5）将咖啡机清洁粉倒入无孔滤器后，加入 40℃左右的热水，待其溶解成专用清洁液后锁上冲泡头。

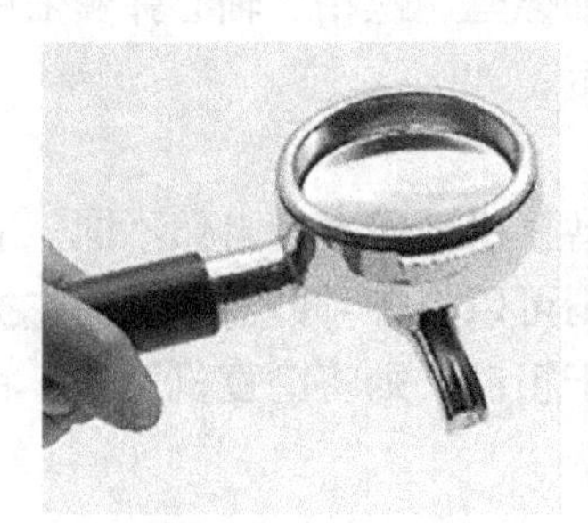
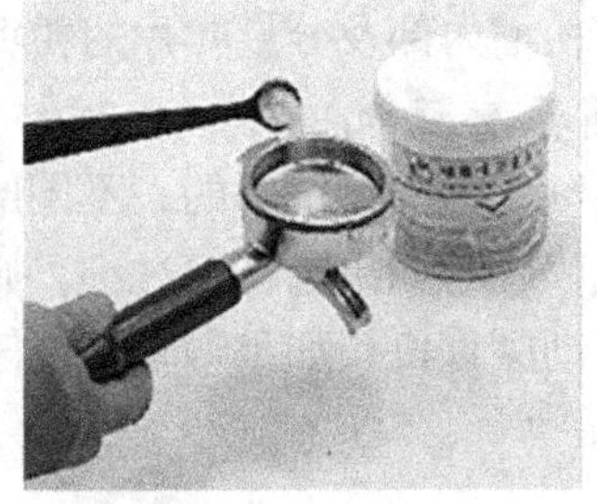

图 5-9　加入清洁粉

（6）逆流清洁：按任一萃取键 2~5 秒后再按停止键，重复此动作 4~8 次，使专用清洁液进行逆洗清洁。若咖啡机本身有自动逆洗的功能，则可借由设定完成操作。锁上冲泡头按键，静置浸泡 5~10 分钟。

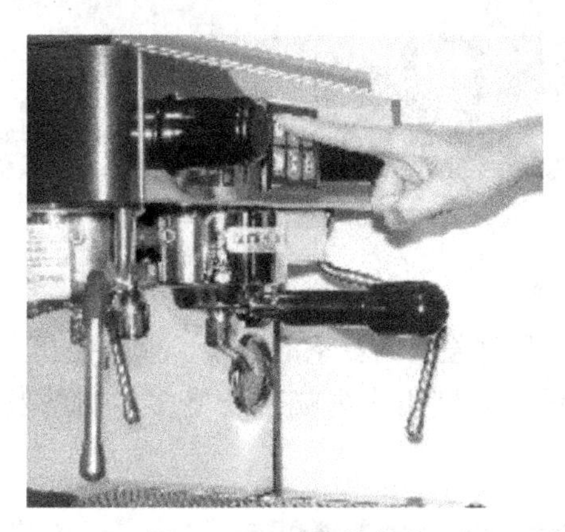

图 5–10　反冲蒸煮头

（7）卸下无孔滤器，并按住任一萃取键，使管内热水流出。

（8）施放热水 3~5 次，至流出的热水完全清洁后，方可停止按键放水。

（9）再次清洁：用稀释后的柠檬水取代专用清洁液，重复清洁一次。

（10）刷洗机头：用专用刷子或待用刷子刷洗冲泡头位置，完成后以干净的湿棉布擦拭冲泡头内部及外圈。

图 5–11　洗机刷冲洗

（11）奶嘴及滤网的清洁：取下后的滤网、分水板、奶管喷嘴，分解后的把手及滤器可置于专用清洁溶液中浸泡，待次日或重新使用前，先以一般清洁剂清洗，之后浸泡于稀释柠檬水中，便可再次使用。

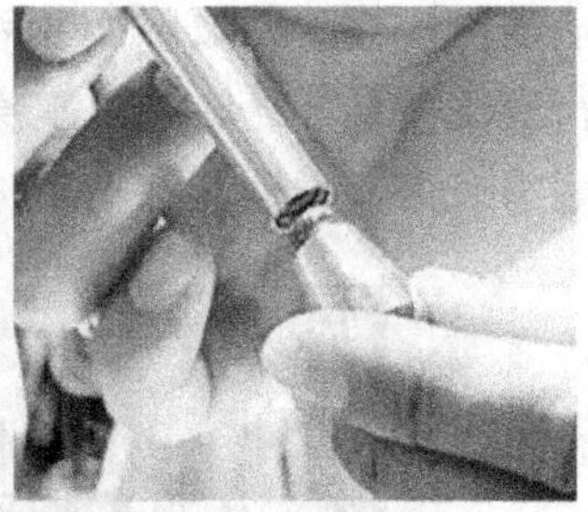

图 5-12　拆洗蒸汽棒

（四）研磨咖啡豆

（1）开启包装后，及时盖上储豆室的盖子，防止空气与咖啡豆过分接触。

（2）掌握咖啡粉量，做到用多少咖啡粉磨多少咖啡粉，以免造成不必要的浪费。

图 5-13　研磨咖啡粉

（五）冲洗机头

取下手柄时，按下出水按钮冲洗蒸煮头，这样有利于保持蒸煮头的洁净，同时也能保证水温的稳定性。冲洗蒸煮头时应该观察水蒸气的情况，保证出水的温度在 90℃左右。抹干流出的水迹。

图 5-14　冲洗机头

（六）擦拭手柄

准备一块专门用来擦拭手柄的抹布，一般来说深颜色的抹布最佳。将取下的手柄用布擦拭干净，而且要注意咖啡手柄的温度，以免烫伤。擦拭时，要注意里外都要擦拭干净，不能在手柄中遗留任何的物质，以免污染新鲜冲煮的咖啡。

（七）填粉

将研磨好的咖啡粉均匀填满到咖啡手柄的滤碗中。注意适当的咖啡粉分量和工作台面的整洁度。拨动拨粉器时，应该顺应弹簧的自然伸缩状态，不能使用外力阻挡弹簧的伸缩。

图 5–15 填粉

（八）压粉

将填满的咖啡粉夯实，保证在高水压的情况下水能够同时、均匀地分布其中，保证咖啡汁的流速达到完美的状态。将手柄靠在台面上，并与桌面垂直，以 20 磅的力量将压粉器平稳垂直地向下压，然后旋转压粉器。

图 5–16 压粉

（九）清洁手柄

在压粉的过程中，难免会有一些咖啡粉遗留在手柄滤碗的周围，所以在开始冲煮的时候一定要将滤碗周围的咖啡粉完全清理干净。一般可使用手指将多余的咖啡粉向咖啡渣槽里清扫。

（十）立即冲煮

将咖啡蒸煮手柄套上咖啡机准备冲煮。注意将手柄箍紧，以免热水喷洒烫伤自己。套上手柄后，应该立即按下冲煮开关。

（十一）摆杯

按下冲煮开关后，一般的咖啡机都会有 3~5 秒的时间进行咖啡的预冲煮，咖啡汁不会迅速地流出来，咖啡师应该在这个时候将咖啡杯摆放到手柄的下方。在 20~30 秒（不同的拼配咖啡豆的冲煮时间不尽相同）内，萃取了 25~35 毫升咖啡汁后，应该立即结束冲煮。

（十二）倒粉渣

将萃取好的咖啡摆在准备好的碟子上面。用力拍打手柄上的咖啡粉渣，将其倒进咖啡粉渣槽，擦拭干净咖啡手柄，并将干净的咖啡手柄重新挂上冲煮头。

二、制作卡布奇诺咖啡

对于牛奶咖啡而言，奶泡质量的高低直接关系到牛奶与咖啡能否完美结合。咖啡师在操作过程中应该非常清楚制作高质量热奶泡的意义。咖啡师只有掌握了蒸汽打奶泡技术的操作程序，才能成功制作卡布奇诺咖啡。

（一）制作意式浓缩咖啡

在摆放咖啡杯的时候，一般要求咖啡师将咖啡杯把摆在同一个方向。利用咖啡机锅炉的温度加热咖啡杯，但是杯子的温度不宜过高，以免烫到客人。

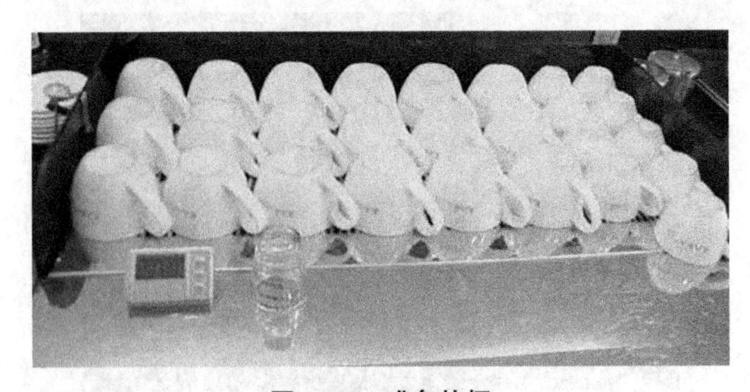

图 5-17　准备热杯

用意式咖啡机制作两杯意式浓缩咖啡，各 30 毫升。

图 5-18 制作意式浓缩咖啡

（二）倒入牛奶

在奶缸（保证奶缸处于常温状态）中倒入 1/2 的 4~6℃的全脂牛奶。

图 5-19 倒入适量牛奶

（三）空喷蒸汽棒

排空蒸汽棒里的水分，防止蒸汽棒的水分过多影响到奶泡的质量。

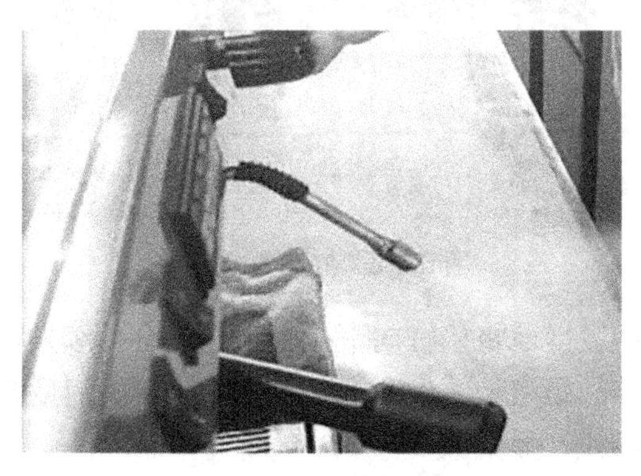

图 5-20 空喷蒸汽棒

（四）将蒸汽棒插入牛奶

蒸汽棒靠近奶缸壁，保证喷嘴在牛奶下面，以防牛奶喷溅出来。

（五）发泡

将蒸汽阀门开到适中的位置，不能直接将蒸汽阀门开启到最大。开启阀门后，将开启阀门的手放到奶缸的底部感受牛奶的温度。

图 5-21　打开蒸汽阀门

调整各种角度，使牛奶在奶缸中充分旋转，保证其与空气能够持续结合，从而制作出细致、绵密的奶泡。

图 5-22　打发牛奶奶泡

看到牛奶旋转后缓慢地将奶缸向下拉，牛奶就会持续发泡。根据需要决定发泡量，制作拿铁咖啡的奶泡量要少，卡布奇诺咖啡的奶泡量要比较多。

（六）上提奶缸，结束发泡

当牛奶温度接近 65℃时，将奶缸迅速向上提起，使蒸汽棒插入奶缸中，但蒸汽棒不能接触缸底，蒸汽关闭后再将奶缸取出。

图 5–23　结束发泡

（七）擦拭蒸汽棒

将半干湿抹布折成多层包住蒸汽棒，开启蒸汽阀门排气，并擦拭蒸汽喷头，擦拭干净后取下抹布，关闭蒸汽阀门，将蒸汽棒归回原位，再排一次气。

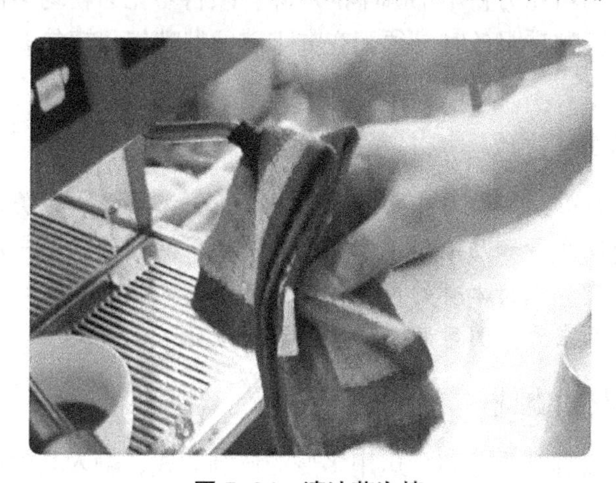

图 5–24　清洁蒸汽棒

（八）融合牛奶与奶泡

如果遇到表层出现粗奶泡，可先用汤匙将表层奶泡刮出，然后在桌子上轻轻敲击奶缸，再使用手腕的力量顺时针旋转，直至牛奶泡呈现出亮人的光泽，表面的奶泡细腻均匀方可。同时这种旋转也保证了牛奶跟奶泡始终融合在一起，不会分离。

（九）牛奶与咖啡融合

直接成形拉花法（Free Pure）：将制作好的热牛奶和奶泡混合均匀。

图 5-25 拉花

传统卡布奇诺制法：用汤匙隔开奶泡，将热牛奶先倒入浓缩咖啡中。传统的卡布奇诺咖啡中奶泡的厚度在 1 厘米左右。口感顺滑、细腻，牛奶与浓缩咖啡的味道平衡。若使用巧克力粉增加咖啡的风味，须将巧克力粉均匀撒落于卡布奇诺咖啡的表面。进行咖啡服务时，须配齐咖啡碟、咖啡勺及糖包。

小贴士

牛奶咖啡的核心是咖啡与牛奶的完美融合，如果要形成完美的拉花作品，意式浓缩咖啡的油脂质量和奶泡的绵密程度须一致。油脂的细腻光滑和持久性能够形成良好的对比度和保持咖啡的风味；细致、绵密的牛奶具有很好的流动性，能够达到合适的表面张力，图案的清晰度和质量就会很优质。

三、制作花式咖啡

花式咖啡是以咖啡为基底，运用多变的调制方式，融入其他原料如牛奶、巧克力、糖、酒、茶、奶油等，从而调制出的口味丰富、与创意完美结合的咖啡饮品。要求在熟练制作浓缩咖啡和高品质奶泡的基础上，掌握以下三种经典花式咖啡的制作方法和服务要求。

（一）制作摩卡咖啡

（1）预热玻璃咖啡杯，往杯中注入热水，抹干水分，放置在咖啡机顶保温。

（2）准备巧克力酱及发泡奶油。从冰箱中拿出冷牛奶。

（3）取下已经预热均匀的杯子，然后注入 25 毫升的巧克力酱。

（4）制作双份的浓缩咖啡，并将浓缩咖啡快速倒入玻璃杯中。

图 5-26 倒入意式浓缩咖啡

（5）将 200~230 毫升的冷牛奶倒入奶缸中，用咖啡机的蒸汽功能加热牛奶及打奶泡。

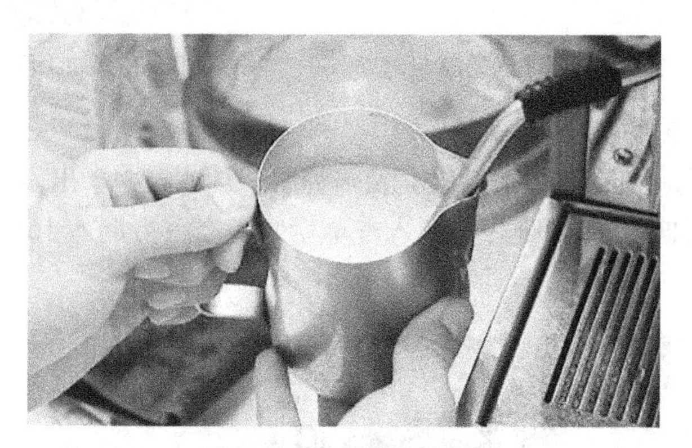

图 5-27 制作热奶泡

（6）将发泡好的牛奶倒入玻璃杯中至八分满。

图 5-28 注入牛奶

（7）成品制作。

往玻璃杯中注入搅打奶油，以绕圈的方式，由外至内。

在奶油的表面浇上适量的巧克力酱。

图 5-29　往玻璃杯中注入奶油

图 5-30　在奶油上浇上巧克力酱

（二）制作焦糖拿铁咖啡

（1）预热咖啡杯。准备香草糖浆及焦糖浆，从冰箱中拿出 4~6℃的冷牛奶。

（2）先往预热好的咖啡杯中倒入香草糖浆，之后再倒入 15 毫升焦糖风味的糖浆。

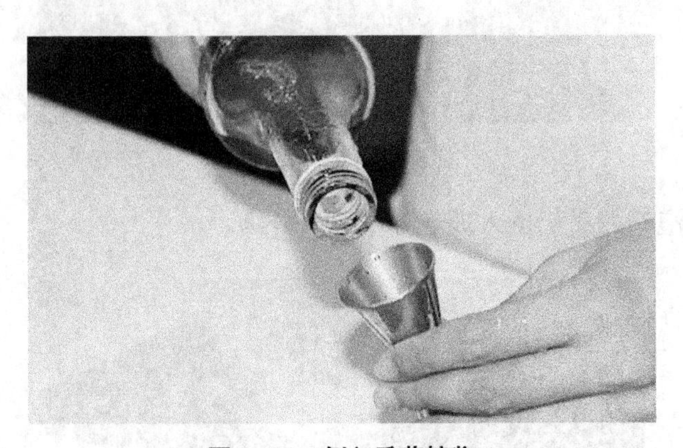

图 5-31　倒入香草糖浆

（3）制作奶泡及热牛奶。

将 200~230 毫升的冷牛奶倒入奶缸中，用咖啡机的蒸汽功能加热牛奶及打奶泡（蒸汽打奶泡技术参照前面章节）。

图 5-32 制作热奶泡

将发泡好的牛奶倒入咖啡杯中至九分满。

（4）制作浓缩咖啡。

制作双份的浓缩咖啡，然后将浓缩咖啡快速倒入热奶泡中。

图 5-33 制作意式浓缩咖啡

图 5-34 倒入牛奶中

（5）成品制作。

在奶泡的表面以网状的形式淋上焦糖浆。

图 5-35　淋上焦糖浆

最后配上咖啡碟、咖啡勺和糖包。

图 5-36　配上咖啡匙和糖包

（三）制作冰跳舞拿铁咖啡

（1）将适量冰块置于玻璃咖啡杯内。

（2）准备白糖浆及冷藏过的浓缩咖啡。

（3）从冰箱中拿出 4~6℃的冷牛奶。

图 5-37　准备咖啡杯及冷牛奶等

（4）往冰杯中倒入 15~20 毫升的白糖浆。

图 5-38 加入白糖浆

（5）加入冷牛奶及浓缩咖啡。

将适量的冷牛奶倒入杯中至八分满。

图 5-39 注入冷牛奶

加入 45 毫升的浓缩咖啡（最好冷藏过）。

图 5-40 加入冷藏过的浓缩咖啡

（6）手工制作冻奶泡。

将适量的冷牛奶倒入手打奶泡壶，用手工的方式制作冻奶泡。

图 5-41 制作冻奶泡

（7）成品制作。

用圆勺将冻奶泡浇盖于饮品的表面。

小贴士

花式咖啡一般含有较多的糖分，而且风味也比较独特，容易给人留下深刻的印象，使人产生一种温暖舒服的感觉，从而能够达到很好的体验。

技能评价

实操项目	序号	内 容	具 体 指 标	评判结果			
				优	良	合格	不合格
制作意式浓缩咖啡	1.1	准备工作	（1）咖啡机、磨豆机整洁光亮 （2）磨豆机顶部储豆槽洁净、无油渍、无陈旧咖啡豆的味道 （3）磨盘、储粉槽无遗留的陈旧咖啡粉				
	1.2	调校机器	（1）咖啡粉的研磨粗细合适 （2）调校磨豆机研磨度时，无损害磨豆机的行为 （3）咖啡机的气压始终保持在 1~1.5 巴（Bar） （4）水温保持在 88~93℃				

续表

实操项目	序号	内容	具体指标	评判结果			
				优	良	合格	不合格
制作意式浓缩咖啡	1.3	咖啡机的清洁保养	（1）咖啡机蒸煮头无咖啡粉渣残留 （2）咖啡机蒸煮头滤网水流均匀、柔和 （3）咖啡机下水槽无咖啡粉渣残留 （4）咖啡机表面光亮、整洁 （5）咖啡机手柄从蒸煮头卸下，摆放整齐				
	1.4	研磨咖啡豆	（1）保证研磨的新鲜咖啡粉在 15 分钟以内使用完毕 （2）制作一杯咖啡允许浪费的咖啡粉量不超过 2 克				
	1.5	冲洗机头	（1）冲洗蒸煮头的动作保证是有效的 （2）咖啡机上没有水迹残留				
	1.6	擦拭手柄	（1）抹布干净、干燥 （2）蒸煮手柄干净，无咖啡粉或咖啡渍残留				
	1.7	填粉	（1）拨粉动作干净、利落 （2）咖啡粉的撒落较少 （3）保持工作台面的整洁				
	1.8	压粉	（1）咖啡粉夯压平整，不出现倾斜情况 （2）下压力度保证垂直有力，咖啡粉内部空间紧凑 （3）咖啡粉表面平滑				
	1.9	清洁手柄	（1）滤碗边沿无咖啡粉 （2）咖啡蒸煮手柄两侧的不锈钢耳无咖啡粉 （3）台面干净、整洁				
	1.10	立即冲煮	（1）动作一气呵成 （2）按下冲煮开关的动作是有效的				
	1.11	计算时间	冲煮时间控制在 20~30 秒				

续表

实操项目	序号	内 容	具 体 指 标	评判结果			
				优	良	合格	不合格
制作意式浓缩咖啡	1.12	摆杯	抓住咖啡杯的杯耳摆放，无咖啡汁外流				
	1.13	结束蒸煮	咖啡汁的上层是厚厚的咖啡油脂，分量适中				
	1.14	倒粉渣	动作一气呵成，咖啡粉饼不出现散落现象				
	1.15	提供服务	服务动作娴熟，能向客人介绍咖啡的特性				
制作卡布奇诺咖啡	2.1	准备工作	（1）预热咖啡杯及准备4~6℃的冷牛奶 （2）擦拭蒸汽棒的抹布要半干湿				
	2.2	浓缩咖啡的制作	浓缩咖啡（Espresso）的萃取时间为20~30秒，有丰厚的克立玛（Crema）				
	2.3	准备工作	（1）牛奶的分量一般要达到奶缸嘴凹入部分的底部 （2）身体离蒸汽棒约60厘米，手不能直接接触蒸汽棒不锈钢部分 （3）喷头插入牛奶约0.7厘米，奶缸与水平面呈40度夹角				
	2.4	奶泡的打发	（1）蒸汽阀门的开启动作娴熟、准确 （2）打发时，牛奶在奶缸里必须充分旋转 （3）下拉奶缸动作平稳，声音正确，不出现“噗噗”声 （4）当牛奶的温度达到65℃时，必须马上将蒸汽关闭				
	2.5	奶泡制作完成	（1）打发完毕，必须擦拭蒸汽棒，并再排空一次 （2）蒸汽棒上没有奶渍残留 （3）制作好的热奶泡的表面须呈现出亮人的光泽				

续表

<table>
<tr><th colspan="2" rowspan="2">实操项目</th><th rowspan="2">序号</th><th rowspan="2">内　容</th><th rowspan="2">具 体 指 标</th><th colspan="4">评判结果</th></tr>
<tr><th>优</th><th>良</th><th>合格</th><th>不合格</th></tr>
<tr><td colspan="2">制作卡布奇诺咖啡</td><td>2.6</td><td>成品制作</td><td>（1）形成牛奶与咖啡充分融合、表面图案黑白分明的卡布奇诺咖啡
（2）传统的卡布奇诺咖啡中奶泡的厚度在 2 厘米左右
（3）口感顺滑细腻，牛奶与浓缩咖啡的味道平衡
（4）若使用巧克力粉增加咖啡的风味，须将巧克力粉均匀撒落于卡布奇诺咖啡的表面
（5）进行咖啡服务时须配齐咖啡碟、咖啡勺及糖包</td><td></td><td></td><td></td><td></td></tr>
<tr><td rowspan="8">制作花式咖啡</td><td rowspan="5">制作摩卡咖啡</td><td>3.1</td><td>准备工作</td><td>咖啡杯表面的温度达到相关的要求</td><td></td><td></td><td></td><td></td></tr>
<tr><td>3.2</td><td>倒入巧克力酱</td><td>动作干脆利落，分量准确</td><td></td><td></td><td></td><td></td></tr>
<tr><td>3.3</td><td>制作浓缩咖啡</td><td>浓缩咖啡（Espresso）的萃取时间为 20~30 秒，Crema 丰厚</td><td></td><td></td><td></td><td></td></tr>
<tr><td>3.4</td><td>制作奶泡及热牛奶</td><td>（1）用 4~6℃的冷牛奶来发泡，发泡好的牛奶的温度为 65℃
（2）打奶泡前空喷蒸汽管
（3）打奶泡后清洁蒸汽管
（4）打奶泡后空喷蒸汽管
（5）打发完的奶泡质地绵密，表面光亮</td><td></td><td></td><td></td><td></td></tr>
<tr><td>3.5</td><td>成品制作</td><td>（1）奶油的覆盖要均匀美观，厚度高出表面约 1 厘米
（2）巧克力酱的浇淋要均匀</td><td></td><td></td><td></td><td></td></tr>
<tr><td rowspan="3">制作焦糖拿铁咖啡</td><td>3.1</td><td>准备工作</td><td>咖啡杯表面的温度达到相关的要求</td><td></td><td></td><td></td><td></td></tr>
<tr><td>3.2</td><td>倒入焦糖风味糖浆</td><td>使用量杯量取准确的焦糖风味糖浆</td><td></td><td></td><td></td><td></td></tr>
<tr><td>3.3</td><td>制作奶泡及热牛奶</td><td>（1）用 4~6℃的冷牛奶来发泡，发泡好的牛奶的温度为 65℃
（2）打发完的奶泡质地绵密，表面光亮</td><td></td><td></td><td></td><td></td></tr>
</table>

续表

<table>
<tr><th rowspan="2" colspan="2">实操项目</th><th rowspan="2">序号</th><th rowspan="2">内 容</th><th rowspan="2">具 体 指 标</th><th colspan="4">评判结果</th></tr>
<tr><th>优</th><th>良</th><th>合格</th><th>不合格</th></tr>
<tr><td rowspan="7">制作花式咖啡</td><td rowspan="2">制作焦糖拿铁咖啡</td><td>3.4</td><td>制作浓缩咖啡</td><td>（1）浓缩咖啡（Espresso）的萃取时间为 20~30 秒，crema 丰厚
（2）浓缩咖啡注入时注意杯面的清洁，如果洒落要及时清洁杯面</td><td></td><td></td><td></td><td></td></tr>
<tr><td>3.5</td><td>成品制作</td><td>在浇淋焦糖浆时，要形成美观的网状</td><td></td><td></td><td></td><td></td></tr>
<tr><td rowspan="5">制作冰跳舞拿铁咖啡</td><td>3.1</td><td>准备工作</td><td>保证杯子是冰冻的状态</td><td></td><td></td><td></td><td></td></tr>
<tr><td>3.2</td><td>倒入白糖浆</td><td>糖浆注入分量正确</td><td></td><td></td><td></td><td></td></tr>
<tr><td>3.3</td><td>加入冷牛奶及浓缩咖啡</td><td>（1）浓缩咖啡（Espresso）的萃取时间为 20~30 秒，crema 丰厚
（2）牛奶注入要缓慢，保证糖浆不与牛奶混合
（3）浓缩咖啡沿着玻璃杯的杯壁缓慢注入，置于咖啡杯的中部，呈现明显的分层状态</td><td></td><td></td><td></td><td></td></tr>
<tr><td>3.4</td><td>手工制作冻奶泡</td><td>手动打奶的动作轻盈熟练，牛奶不会漏出，奶泡细腻、平滑、饱满</td><td></td><td></td><td></td><td></td></tr>
<tr><td>3.5</td><td>成品制作</td><td>（1）用圆勺将冻奶泡浇盖于饮品的表面
（2）进行咖啡服务时，须配合适的咖啡碟及咖啡勺</td><td></td><td></td><td></td><td></td></tr>
</table>

项目二　单品咖啡制作与服务

伴随着第三波精品咖啡浪潮在全世界范围内的广泛传播，单一产区、单一品种咖啡（Single Origin Coffee，简称单品咖啡）的概念逐渐为人们所熟知。有很多的咖啡老饕们喜欢纯粹的咖啡，不断寻找熟悉的地域之味。因此，在酒吧或者咖啡馆中进行单品咖啡的售卖也成为一种趋势。单品咖啡讲究手工制作萃取咖啡。

图 5-42 手冲咖啡

基础知识

一、影响萃取的因素

冲泡咖啡并不是把咖啡豆内部的所有成分都萃取出来，有些物质的口感苦涩，不是我们所喜欢的；我们所喜欢的是咖啡中的甜味、醇味、酸味与香味。冲泡咖啡的艺术在于，寻求最适当的条件，在芳香与苦涩之间取得最佳平衡点，将咖啡内部的可溶物质萃取出来。

泡出香醇咖啡主要取决于豆子的新鲜度、咖啡豆与水的重量比、萃取时间、萃取温度、研磨粗细度等，只要稍加留意就可驾驭这些变量，泡出香醇的好咖啡。

（一）咖啡豆的新鲜度

1. 咖啡豆新鲜度的重要性

这是香醇咖啡的先决条件。唯有使用新鲜的咖啡豆，咖啡才会好喝；如果使用不新鲜的咖啡豆，技术再高超也煮不出好咖啡。新鲜豆不但喝得出来，而且还看得出来。由于新鲜豆的内部有大量的二氧化碳，在热水冲煮时会迫使气体膨胀并排出，所以膨胀与泡沫便成为新鲜度的指标。新鲜的豆子不论是以手冲、法式滤压、虹吸还是意式咖啡机冲泡，咖啡粉轻易隆起膨胀，并有厚实的泡沫层或称油沫（Crema）。如果豆子不新鲜，咖啡粉就不易隆起，甚至下陷，泡沫层变得稀薄。

不新鲜的咖啡豆，无论用什么冲煮方式或者加入各种辅料也不能掩盖它的风味变差的事实，喝起来没有咖啡的香味，芳香物质已经散发，剩下的只是苦涩的味道，影响饮用。另外，时间放得比较长的豆子，表面也会出油，这样的豆子做出来的浓缩咖啡，也会缺乏油脂，质量不佳。因此，选择新鲜的咖啡豆，这是冲煮一杯好咖啡的最基本的要求，也是最重要的因素。

2. 咖啡豆新鲜度的指标

（1）使用滴滤杯冲煮法：当热水与咖啡粉接触之际，咖啡粉会膨胀起来，越是新鲜的咖啡粉，膨胀得越厉害，这是新鲜的明显指标。

（2）使用虹吸壶冲煮咖啡：当热水上升至上壶浸泡咖啡，同时会使咖啡粉膨胀得很厉害。移开火源后，咖啡液会流向下壶，这时新鲜的咖啡有很多泡沫（约一半的液体流下时出现），而且干净、清澈。虽然泡沫的时间不长，但看起来相当舒服；若使用不新鲜的咖啡，将很难看到这些泡沫。

（3）浓缩咖啡：只有新鲜的咖啡才能形成榛子色的细沫，而且是厚厚的一层，久久不散。

图 5–43 滤杯滴滤法

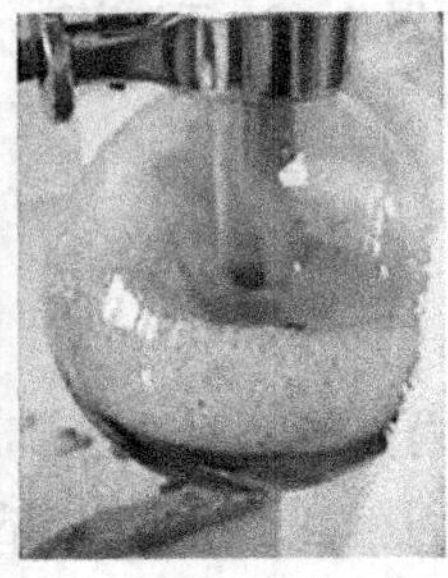

图 5–44 虹吸壶冲煮法

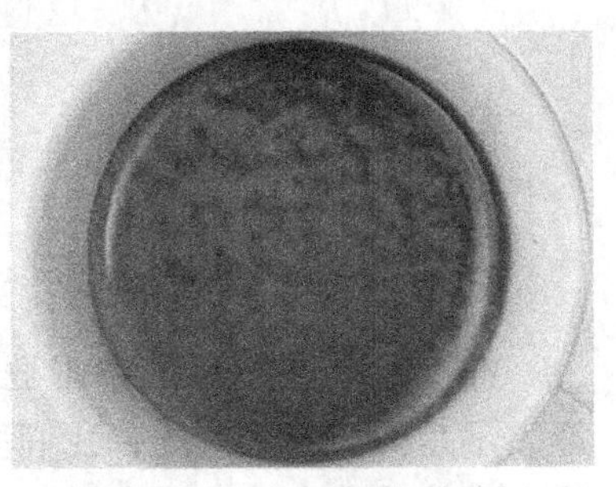

图 5–45 浓缩咖啡

（二）水质对咖啡的影响

一杯咖啡中，水的含量超过 98%，所以水质的好坏对于咖啡的质量起着极大的作用。可选择的水质种类很多，如蒸馏水、矿泉水和山泉水等。专家认为，硬度略高又不会很高的水最适合冲泡咖啡，因为水中的矿物质会和咖啡发生反应，形成较好的口感。

含氧量高的水也相当适合冲泡咖啡，因为它能提高咖啡的风味。一般来说，新鲜的冷水，含氧量较高；加热过后再冷却的水，含氧量则太低。因此，建议冲泡咖啡还是使用新鲜的冷水来加热为宜。

蒸馏水是纯水，几乎不含其他矿物质，所以不会和咖啡发生反应，所泡出的咖啡虽有芳香，却不具口感；矿泉水虽含有较多的矿物质，但是并不是所有牌子的水都适合，可以通过特定的仪器，测试水的硬度。

表 5–4 世界卫生组织饮用水质表

水的种类	硬度基准	水的特征	咖啡的味道
软　水	0~60 毫克 / 升	含有的矿物质少，口感柔软 自来水大都是软水	能够发挥出咖啡的味道，但容易产生酸味
中软水	60~120 毫克 / 升		

续表

水的种类	硬度基准	水的特征	咖啡的味道
硬 水	120~180 毫克 / 升	钙、镁等矿物质多，不易于吸收咖啡因	稍带苦味，能增强咖啡的风味，适合冲煮各种咖啡
较硬水	180 毫克 / 升以上		

注：硬度为 1 升水所含碳酸钙的量。

（三）咖啡粉与水的比例

咖啡的浓淡对风味的影响极大。手冲壶、法式滤压壶或虹吸式泡法，咖啡豆与萃取水量的比例应为 1∶10 至 1∶18，口味稍重者不妨以 1∶10 至 1∶12 的比例来冲泡，即 15 克咖啡豆的最佳萃取水量为 150~180 毫升；但也有喜欢重口味的以 1∶8 来冲泡的，即 150 毫升水冲煮 18 克咖啡豆。口味较淡者不妨以 1∶13 至 1∶18 稍加稀释，超过这个标准就太稀薄无味了。

表 5–5 粉水比与风味的关系

口 味	粉水比
重口味	1∶8
适中口味	1∶13~1∶18
淡口味	1∶18~1∶20

（四）咖啡粉粗细与萃取时间的关系

咖啡研磨粗细度和萃取时间成正比，即磨得越细，芳香成分越易被热水萃出，所以萃取时间宜短一些，以免萃取过度而苦嘴。反之，磨得越粗，芳香物越不易被萃出，故萃取时间要延长，以免萃取不足没味道。浓缩咖啡以 92℃高温与高压萃取出 30 毫升，需 20~30 秒，是所有泡法中萃取时间最短的，因此研磨细度比虹吸、手冲、摩卡壶或法式滤压壶更精细。

（五）冲煮水温参数

咖啡豆烘焙度应和冲泡水温成反比，即萃取深烘豆的水温最好比萃取浅烘豆的水温低一些，因为深烘豆碳化物较多，水温过高会凸显焦苦味；反之，浅烘豆酸香物较为丰富，水温太低会使活泼上扬的酸香变成死酸而涩嘴。所以浅烘豆的萃取水温宜高一点，深烘豆的冲泡水温要稍低些。另外，水温过高，萃取时间就要缩短，这就是虹吸壶（萃取温度 90~93℃）泡煮时间为 40~60 秒，手冲壶（萃取温度 80~87℃）约为 2 分钟的原因。

二、各种手工萃取方法

咖啡冲泡器具繁多。使用的咖啡器具不同，冲泡出来的味道也各不相同。其实，每种咖啡机的冲泡原理都很相似。应该了解每一种方法，并选择最适合自己的冲煮工具。

（一）滴滤式

这种壶的萃取方式通常需要使用一张一次性滤纸，将适量咖啡粉末置于其中，然后倒入 90.5~93.3℃的开水，使咖啡液滴入玻璃水壶中。这种方式称作“浇灌”式萃取法。用水浇灌湿咖啡粉，让咖啡液以自然落体的速度经过滤布或滤纸，流向容器里。使用这种滴滤杯，只萃取一次，即能将咖啡的香浓风味释出，是相当不错的冲泡方法。但由于滤纸过滤是一种渗透作用，咖啡中的胶质较容易遭滤纸隔滤。

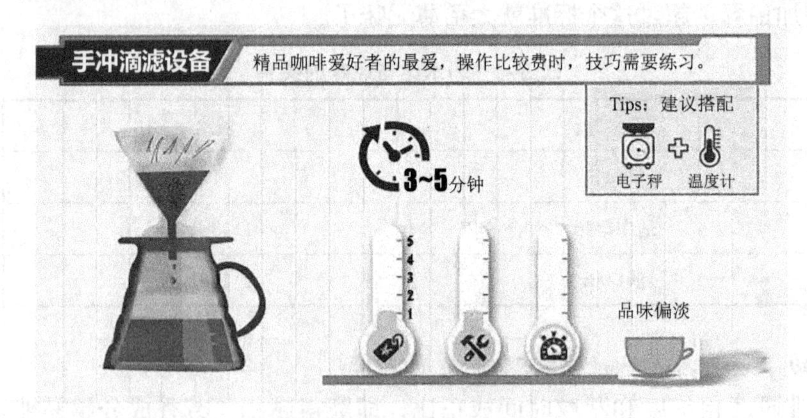

图 5–46　手冲滴滤法

（二）滤压式

专家们一直都认为，滤压式是最佳的萃取咖啡的方式。将适量的咖啡放入空的玻璃咖啡壶中，倒进极烫的热水，几分钟之后，通过推压柱塞，与玻璃杯体紧合的过滤器挤压壶底的咖啡粉末，咖啡经由过滤器制成。由于壶底的咖啡粉不能移出，这样，做好的咖啡就能够随时饮用并保存在容器中。用此方式做出的咖啡口感比较浓郁，看上去稍显浑浊，但口味真的很独特。

（三）虹吸式

虹吸式亦称塞风，在我国台湾地区很常见。最早源自欧洲，早在 1803 年就在德国出现，经过法国、英国不断改良，成为上下双壶，是一种秀气十足的煮法。下壶水加热，产生上扬的蒸汽压力。下壶水接近沸点前，即可把热水通过上壶下插的玻璃管带入上壶；但火源移开或关火后，下壶的蒸汽推力瞬间消失，上壶的咖啡液好像被吸往“真空”的下壶，故欧美惯称为真空壶。虹吸壶容易破碎、使用不方便，以及滤布常有异味等。虹吸壶的最大缺点是萃取温度较高，上壶达90~93℃，不适合深烘豆，很容易煮出焦苦味。由于水温高，比较适合表现浅烘至中深烘的上扬酸香、花香和甜味，这意味着虹吸壶不属于全能型冲泡法，难怪逐渐被欧美日淘汰。

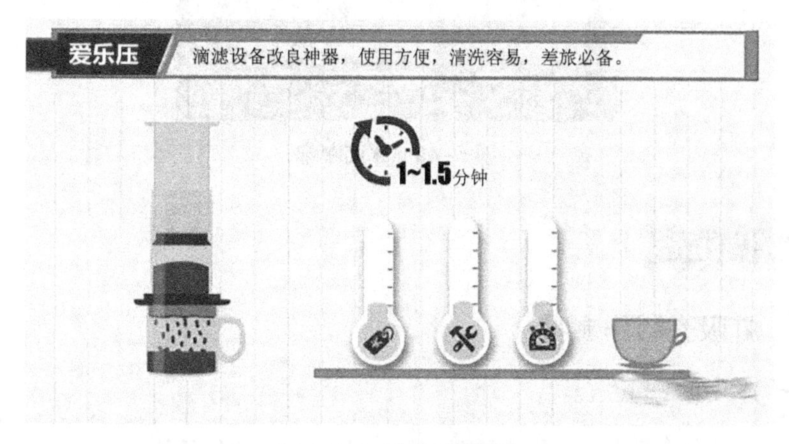

图 5-47 爱乐压滤压法

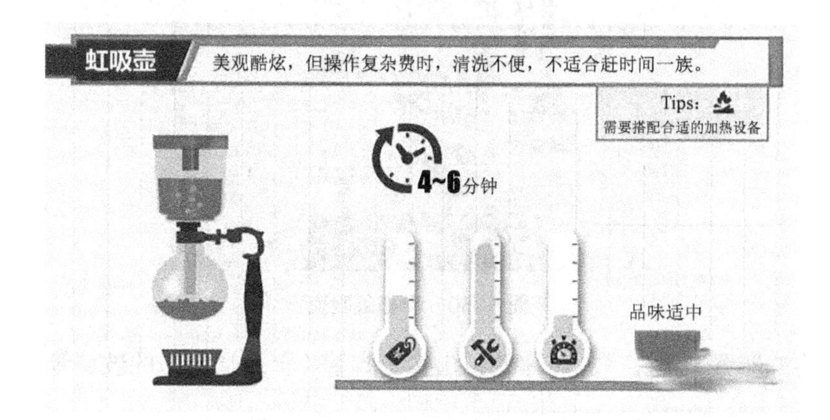

图 5-48 虹吸壶过滤法

（四）冷萃取式

即用冷水来萃取浓缩咖啡。先在相关的萃取器具中放置新鲜的咖啡粉，然后注入冷水浸泡几小时，再过滤并储存在冰箱里。所得物是种液态即溶咖啡，它可以给饮食的风味增色，也可以再兑入热水满足其他饮用需要。

图 5-49 冰滴咖啡

实操任务

一、虹吸壶制作咖啡

（一）准备器具

图 5-50 准备虹吸壶

先将滤器置于上座，并将弯钩拉出钩于脚管（上座通出来的玻璃管）上。

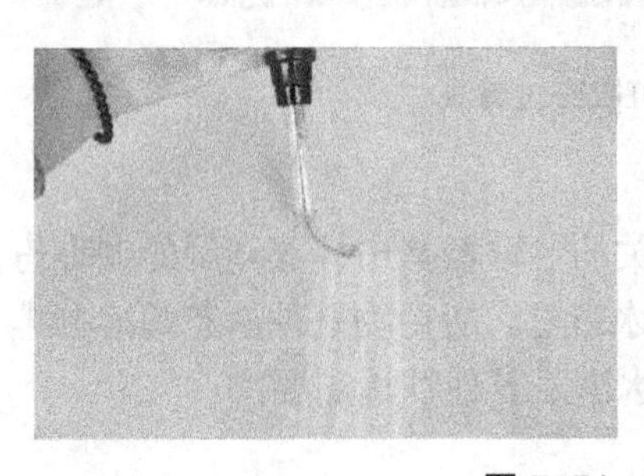

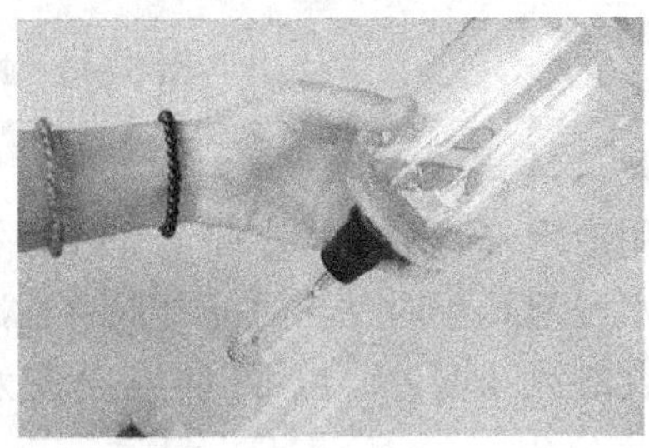

图 5-51 挂上滤布

（二）倒入热水

要煮几杯（150 毫升 / 杯）就将水或热水依刻度倒入下座，并使用干抹布将下壶擦干。

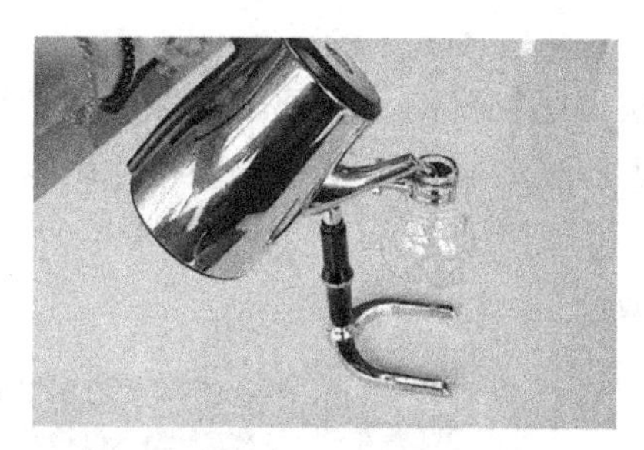

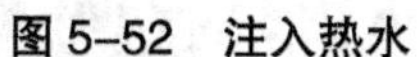
图 5-52 注入热水

图 5-53 擦干水分

（三）制作咖啡

将上座斜插入下座。依照一人份为一平匙（10~12 克）的比例将中度研磨的咖啡粉加入上座内。点燃酒精灯（或瓦斯灯）加热。水煮开后，随即将上座插入下座壶具。

图 5-54 加热下壶

图 5-55 水位上升

图 5-56 倒入咖啡粉

图 5-57 闷蒸咖啡

等水上升至上座后，减小火力，用竹刀轻轻搅拌咖啡粉与水，使咖啡粉与水均匀混合；25~30秒钟后（时间过长，会有杂味成分析出），再次搅拌；50~55秒后移开火源熄火，再次进行搅拌。

（四）结束制作咖啡

使用湿抹布迅速擦拭下座上端，加快上座咖啡的下流速度，保持咖啡最原始的风味。一手握手把，另一手持抹布握上座左右轻摇一下，以便将上座取下，将咖啡倒入咖啡杯中。

将下壶的咖啡倒入咖啡杯内至八分满。

图5–58 降温出品

图5–59 倒入咖啡杯

经冲泡提取过的咖啡粉，如呈球形鼓起，则表明冲泡成功；如呈平坦状，则应考虑火候掌握有无问题，检查过滤板有无堵塞。

清洗虹吸壶应该注意虹吸壶的温度，可使用开水将下座洗刷干净，然后用干布将下座水迹抹拭干净。上座清洗则应该松开拉钩，用水冲洗，使用毛刷将上座内壁清洗干净，然后将滤器用食用酒精泡开进行冲洗。所有部件需要晾干，否则容易发臭，从而影响咖啡的品质。滤网要浸泡在冰水中。

小贴士

虹吸壶制作咖啡结束时，可以通过咖啡渣形成的漂亮小山包来确定制作的质量。因为虹吸壶的构造使得咖啡液流到下方的方式比较特殊。如果没有通过最后的搅拌，咖啡液向下流动的速率会很低，咖啡渣一直泡在热水中，容易造成咖啡的过度萃取。

二、手冲壶制作咖啡

手冲壶制作咖啡是最简单的咖啡冲泡法。滤纸可以使用一次立即丢弃，比较卫生，也容易整理。开水的量与注入方法也可以调整。一人份也可以冲泡，此乃人数少的最佳冲泡法。

（一）准备器具

准备好手冲设备：手冲壶、滤纸、热水壶、磨豆机、电子秤和温度计。

图 5-60　准备设备

（二）清洗滤纸、预热咖啡壶

将滤纸沿着缝线部分折成锥形，放入咖啡壶上座。然后在手冲壶中倒入热水，并清洗滤纸，同时也起到热壶的作用。

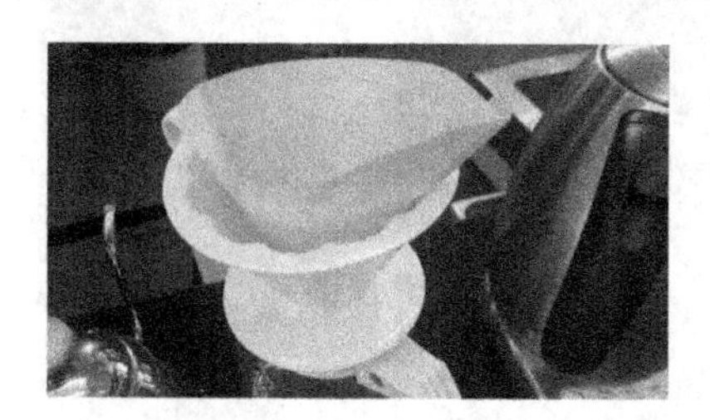

图 5-61　折好滤纸

图 5-62　冲洗滤纸

（三）确定粉水比例

一人份的咖啡粉为 10~12 克，而开水是 150~180 毫升。喜欢清淡咖啡的人，粉量约一人 8 克即可；喜欢浓苦味的人，粉量可一人 12 克。

图 5-63　使用电子秤称重

（四）调整研磨度至中度研磨并进行研磨

使用“小飞鹰”磨豆机研磨咖啡粉。

图 5-64　将研磨度调至 3 左右

接上电源，按下电源开关启动磨豆机，然后将咖啡豆倒入磨豆机中。

图 5-65　启动磨豆机

图 5-66　研磨咖啡豆

图 5-67　接好咖啡粉

（五）将咖啡粉倒入滤壶中

用量匙将中研磨的咖啡粉依人数份倒入滴漏之中，再轻敲几下使表面平坦。

图 5-68　倒入咖啡粉

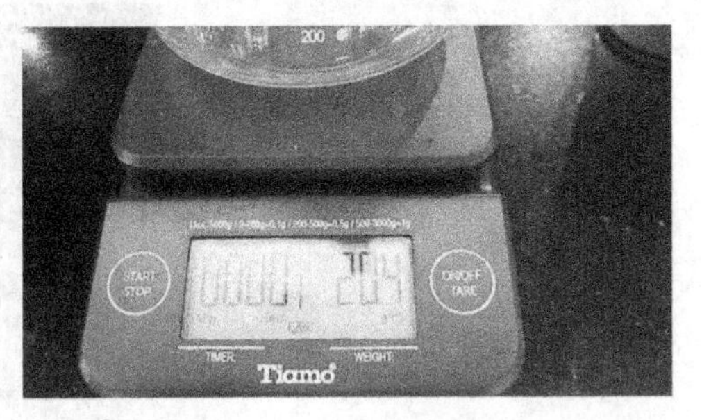

图 5-69　启动电子秤

（六）开始冲煮

用热水壶将水煮开后，倒入细嘴水壶中，插入温度计测量温度，应为88~93℃。然后由中心点注入开水，缓慢地以螺旋方式使开水渗透且遍布咖啡粉为止。务必缓缓地倒入。

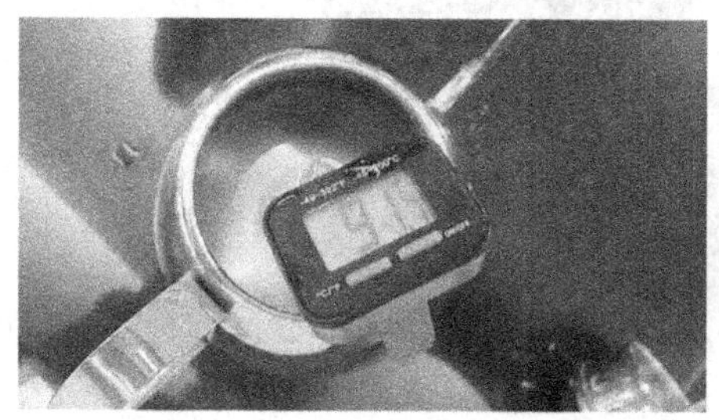

图 5-70　测试水温

图 5-71　开始注水

（七）闷蒸

闷蒸咖啡是手冲咖啡的重要环节。闷蒸有利于二氧化碳的挥发，提高成分萃取的效率。

图 5-72　按下计时器

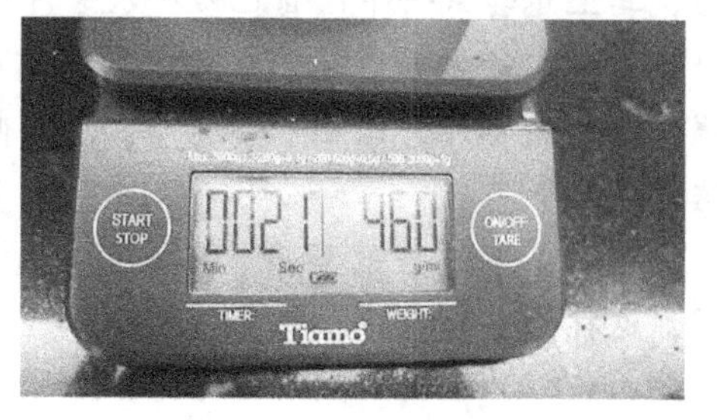

图 5-73　闷蒸

（八）开始注水

注水的方式决定咖啡品质。要紧密关注时间和萃取量。水从咖啡粉的表面缓慢地以画圆圈的方式由里至外注入。咖啡萃取量要按照适当的比例，时间一般为 2~3 分钟。

图 5-74　注水

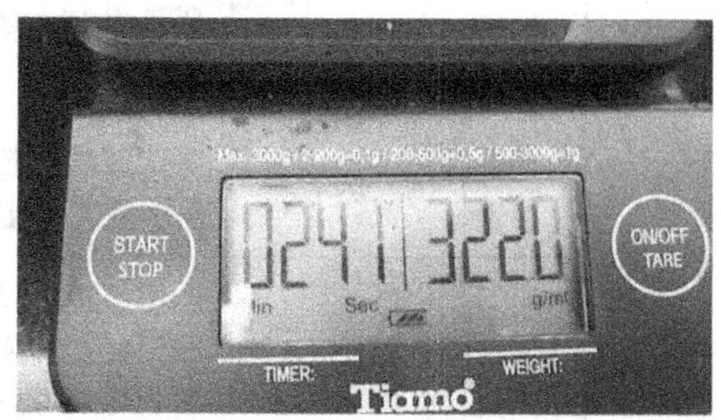

图 5-75　时间和萃取量

（九）为客人服务

预热咖啡杯，准备托盘为客人进行服务，并向客人介绍咖啡的相关信息。

图 5–76 出品咖啡

小案例

小刘同学作为咖啡专业的一名学生，在听完老师讲解手冲咖啡的相关知识后，马上想尝试一下，自己做一次手冲咖啡。他把咖啡粉磨得很细，因为他希望自己做出来的咖啡香味浓郁而且富有质感。他放了10克的粉、80毫升的水，按照1:8的粉水比，做出一杯咖啡。但老师喝完这杯咖啡后，眉头紧皱。为什么会这样呢?

分析：不适当的研磨、不合适的粉水比例，是造成咖啡萃取不当的主要原因，这样做出的咖啡容易有苦涩感。

技能评价

实操项目	序号	内 容	具 体 指 标	评判结果			
				优	良	合格	不合格
虹吸壶制作咖啡	1.1	准备器具	器具齐备，动作迅速，工具摆放整齐				
	1.2	倒入热水	要依照咖啡粉的重量来确定倒入的热水量，而且要准确				
	1.3	制作咖啡	操作规范，及时观察水温和咖啡的冲煮时间和状态 搅拌咖啡要干脆利落，时间掌控得当				

续表

实操项目	序号	内 容	具 体 指 标	评判结果			
				优	良	合格	不合格
虹吸壶制作咖啡	1.4	结束制作咖啡	迅速搅拌咖啡，关火，并通过物理降温缩短咖啡的浸泡时间				
手冲壶制作咖啡	2.1	准备器具	器具齐备，动作迅速，工具摆放整齐				
	2.2	清洗滤纸，预热咖啡壶	滤纸折叠细致，能够紧贴滤壶 清洗滤纸，要保证滤纸没有味道				
	2.3	确定粉水比例	准确称咖啡豆的量，并能保证冲煮的水的量				
	2.4	调整研磨度至中度研磨并进行研磨	时刻关注研磨度，并对磨豆机进行调整 研磨的咖啡粉没有过多撒落 能够及时清洁磨豆机，使之保持洁净				
	2.5	将咖啡粉倒入滤壶中	咖啡粉倒入滤壶后，使之表面保持平整				
	2.6	开始冲煮	注水动作稳定，水流控制游刃有余				
	2.7	闷蒸	有效闷蒸咖啡，能够保证咖啡粉的湿润度				
	2.8	开始注水	始终保持水不会漫过咖啡粉，画圈注水细致而有效				
	2.9	为客人服务	要有温杯环节，微笑面对客人，并能够介绍咖啡的主要特点				

课后作业及活动

一、填空题

1. Café Espresso 是指__________。

2. 根据 *Espresso Coffee: The Chemistry of Quality* 一书的定义，意式浓缩咖啡必须符合下列条件：咖啡粉的分量（一杯）约为__________克，水的温度约为__________℃，水的压力约为__________大气压力，萃取时间约为__________秒。

3. 意式浓缩咖啡最精华的部分是__________。

4. 意式浓缩咖啡的油脂颜色最好的是__________色。

5. 意式浓缩咖啡的口感讲究__________、__________、__________的平衡。

6. 制作奶泡的牛奶最好选择__________。

7. 一杯卡布奇诺咖啡是由__________、__________、__________三部分组成的。

8. Cappuccino 的最佳品饮温度约为__________。

9. Coffee Latte 就是所谓加了牛奶的咖啡，通常直接翻译为__________。

二、选择题

1. 一杯意式浓缩咖啡的分量为（　）。

A. 20~30 毫升　B. 25~30 毫升　C. 25~35 毫升　D. 30~35 毫升

2. 意式浓缩咖啡的口感平衡能够让饮用者获得的最好的感觉是（　）。

A. 圆的　B. 流畅的　C. 平滑的　D. 丰富的

3. 适量的（　）会刺激大脑皮质，促进血管扩张，使血液循环增强，并提高新陈代谢机能。

A. 单宁酸　B. 蛋白质　C. 咖啡因　D. 粗纤维

4.（　）会影响到咖啡的涩味。

A. 单宁酸　B. 矿物质　C. 咖啡因　D. 粗纤维

5. 用咖啡机蒸汽喷嘴打发奶泡时奶温不宜超过（　）。

A. 70℃　B. 75℃　C. 80℃　D. 85℃

6. 一般来说，不建议选择（　）作为咖啡用奶。

A. 低脂奶　B. 全脂奶　C. 炼奶　D. 豆奶

7. 打奶泡前清空喷蒸汽喷嘴的目的是（　）。

A. 排气　B. 降低锅炉压力　C. 排出冷凝水　D. 清洁喷嘴

8. 意大利文“latte”的意思是（　）。

A. 拿铁咖啡　B. 牛奶　C. 巧克力　D. 可可豆

三、判断题

1. 榛子色的咖啡油脂颜色是最完美的意式浓缩咖啡颜色。（　）

2. 如果咖啡一滴滴从过滤碗滴出，一盎司要花半分钟以上，表示咖啡粉太细了，容易萃取过度。（　）

3. 意式浓缩咖啡讲究甜、酸、甘的平衡味道。（　）

4. 用于打发奶泡的牛奶一定是全脂奶。（　）

5. Cappuccino 出品时必须配上咖啡杯底碟。（　）

6. 一杯传统卡布奇诺咖啡的奶泡厚度为 1 厘米。（　）

7. Cappuccino 讲究浓缩咖啡、经蒸汽加热的牛奶和奶泡三者之间的和谐平衡。（　）

8. 一杯高品质的牛奶咖啡讲求细滑、绵密的奶泡。（　）

模块六　酒吧运营

酒吧日益成为人们休闲娱乐、舒缓压力、放松身心的好去处。调酒师也逐渐成为时尚的职业。但随着酒吧行业之间的竞争越来越激烈，酒吧的经营风格、管理水平在酒吧生存和发展中尤显重要。本模块重点介绍吧师的职业规划、酒吧的日常经营流程以及服务的质量标准。

学习目标

◆能依据吧师职业规划的指引逐步提升调酒专业技能，根据设计方案塑造时尚吧师形象。

◆能描述酒吧礼貌服务的基本要求。

◆能描述吧台卫生管理流程和清洁卫生保养标准，有序地进行吧台的整理工作。

◆能正确使用消毒柜对杯具和餐具进行消毒和擦拭。

◆能按照酒吧服务流程向客人推销酒水，并提供饮品服务。

◆能准确无误地为客人完成酒水下单，并正确地填写酒水供应单。

项目一　吧师职业规划

吧师是酒店重要的工作岗位，承担着大量的酒吧出品和对客服务的工作。顾名思义，吧师就是酒吧中擅长调酒技术的人。吧师即调酒师（Bartender或Barman），调酒师是在酒吧、星级酒店、私人会所或餐厅专门从事配制酒水、销售酒水的专业技术人员。在国内，随着酒吧数量的大大增加，酒吧消费已经深入到普罗大众当中。作为酒吧“灵魂”的吧师，其职业受到年轻一代的追捧，吧师渐渐成为热门而时尚的职业。因此，餐饮领域对调酒师有较为严格的职业要求，其工作任务包括酒吧清洁、酒吧摆设、调制酒水、酒水补充、应酬客人和日常管理等。

基础知识

一、吧师职业概述

调酒又分为传统的英式调酒和后起的花式调酒两类。英式调酒师很绅士，调制酒的过程文雅、规范，调酒师通常穿着英式马甲，调酒过程配以古典音乐。花式调酒起源于美国，特点是在较为规矩的英式调酒过程中加入一些花样的调酒动作，如抛瓶类杂技动作，以及魔幻般的互动游戏，以起到活跃酒吧气氛、提高娱乐性的作用。

在国外，调酒师都需要接受专门的职业培训并持有技术执照。例如，在美国有专门的调酒师培训学校，凡是经过专门培训的调酒师不但就业机会很多，而且享有较高的工资待遇。一些国际性饭店管理集团内部也专门设立对调酒师的考核规则和标准。

在我国，调酒师是20世纪80年代最早在合资饭店、宾馆里出现的，那时候没有系统的培训，只靠跟师傅学。随着旅游业的发展以及我国经济与国际的接轨，酒吧逐渐成为宾馆、饭店的必备场所，同时私人开设的酒吧也日渐增多，作为酒吧“灵魂”的专业调酒师开始紧俏起来。随着酒吧行业的日益红火，调酒师已经成为一门新型的职业，调酒师也将成为国内各大酒吧抢手的人才。

二、吧师的职业要求

（一）专业知识和技能

一名合格的吧师，必须要掌握各种酒的产地、物理特点、口感特性、制作工艺、品名以及饮用方法，并能够鉴定出酒的质量、年份等。吧师须了解酒背后的习俗，因为一种酒代表了该酒产地居民的生活习俗，不同地方的客人有不同的饮食风俗、宗教信仰和习惯等。

饮什么酒，在调酒时用什么辅料都要考虑清楚，如果推荐给客人的酒不合适便会影响到客人的兴致，甚至还有可能冒犯顾客的信仰。此外，客人吃不同的甜品，需要搭配什么样的酒，也需要调酒师给出合理的推荐。因为鸡尾酒都是由一种基酒搭配不同的辅料构成的，酒和不同的辅料会产生什么样的物理化学反应，从而产生什么样的味觉差异，对于调酒师而言，是创制新酒品的基础。

调酒师要掌握调酒技巧，清楚酒吧的基本情况，正确使用设备和用具，熟练掌握操作程序，提高对客服务效率。任何一种调酒方式都需要基本的调酒知识。鸡尾酒的基本概貌、调制方法、原理、步骤和要求等，是调酒师的必备知识。此外，调酒动作、姿势等也会影响到酒水的质量和口味。调酒以后酒具的冲洗、清洗、消毒方法也是调酒师必须掌握的技能。

掌握酒精和非酒精饮料的基础知识，了解常用的非酒精饮料有哪些，以及对世界名酒的生产原料、生产国、酒精度、容量、味形、色泽、品牌等有系统的认识，这是作为一个调酒师所必须具备的专业知识。

英语知识很重要。首先是要认识酒标。酒吧卖的酒很多都是国外生产的，商标用英文标示。调酒师只有看懂酒标，选酒时才不会出差错，因为所有物理性质都一样的酒如果产地不同，口感会大相径庭。而且调酒师经常会遇到客人爆满的情况，此时如果对英文标示的酒标不熟悉，还要慢慢地找，会让客人等得着急。其次，酒吧里经常会有外国客人，调酒师懂一些外语才能较好地与客人交流。

（二）综合素质

吧师不仅要有丰富的酒水知识和高超的调酒技能，还必须具备较高的综合素质。第一是开朗的性格。吧师开朗的性格、平和的心态以及热情的待客之道，利于与大家沟通，从而营造轻松的氛围。第二是激情，特别是花式调酒需要更多的激情投入。第三是记忆力和领悟能力。调酒师若想调好各种酒，就要记住各种调酒配方。调酒有时需要根据宾客的个性要求“量身定做”产品，没有良好的领悟力无法准确把握宾客要求。第四是动作的协调性，特别是手指、手臂的灵活性，动作协调性要强。吧师的职业特点要求调酒师手指、手臂比较灵活，动作协调。第五是对色彩敏感。调酒师若要在感官上取悦客人，就要合理地搭配颜色等。如果想学习花式调酒，还需要有良好的乐感和心理素质。

吧师职业对身高和容貌也有一定的要求。当然，也并非要求靓丽如偶像明星，关键是要有由得体的服饰、良好的仪表、高雅的风度和亲善的表情展示出来的个人气质。

实操任务

一、吧师的形象

一个成功的吧师，一定会精心为自己设计最适合的个人形象。心理学上强调的第一印象的影响力在吧师职业中尤为重要。得体而时尚的服饰，阳光、端庄的仪表形象，高雅的风度、友善的神态以及优雅的谈吐，是吧师良好的个人修养、迷人的个性魅力的最好展示。

二、吧师的职业素养

（一）注意服饰的得体、举止的端庄

面对宾客，良好的外在形象是拉近距离、打开与宾客对话的一扇窗口。职业资格考核中规定：调酒师不能戴首饰，留长指甲，男不留长发。与客交流时要亲切，以消除客人的陌生感。

（二）做到神态友善、谈吐优雅

平和的心态、友善的神情、优雅的谈吐以及热情的待客之道，利于吧师与宾客沟通，营造轻松的氛围。

（三）能够看懂酒标，可以用外语简单交流

鸡尾酒原料是洋酒，吧师必须能够看懂外文酒标，否则无从下手。酒吧经常接待外国客人，吧师须具备用英语同客人交流的能力。

小案例

Alice是酒吧的实习吧师，她的师傅Ben调酒技术高超，善于沟通，对宾客观察细致，反应灵敏，性格开朗，自信友善，英文流利，深得中外宾客的喜爱。Alice视师傅为榜样，给自己定了个目标：内外兼修，争取成为像师傅那样受宾客欢迎的吧师。

小贴士

初级吧师的知识技能	（1）掌握吧师的礼节礼貌、酒吧的知识、饮料知识 （2）能正确使用酒吧设备和用具 （3）能运用酒吧常用基础英语、酒吧术语 （4）调制出 20 种鸡尾酒
中级吧师的知识技能	（1）掌握初级吧师的知识技能 （2）掌握酒吧设备、酒吧服务和酒会服务的程序 （3）明确鸡尾酒调制的程序与标准 （4）掌握 40 种鸡尾酒的配方并能调制
高级吧师的知识技能	（1）掌握中级吧师的知识技能 （2）掌握葡萄酒、香槟酒知识，鸡尾酒酒会、酒吧服务工作程序与标准，酒吧营销、酒吧常用英语、酒吧经营与管理 （3）掌握上百种鸡尾酒的配方，并能正确调制 （4）能自创鸡尾酒和管理经营酒吧

技能评价

实操项目	序号	内　容	具 体 指 标	评判结果			
				优	良	合格	不合格
吧师形象及职业素养	1.1	服饰与举止	（1）不能戴首饰，留长指甲，男不留长发 （2）与客交流时要亲切，以消除客人的陌生感				
	1.2	神态与谈吐	心态平和、谈吐优雅、待客热情				
	1.3	调酒技能与外语水平	（1）能够看懂英文酒标，顺利快速地调制出鸡尾酒 （2）能够同外籍客人用英语交流，能使用酒吧常用基础英语、酒吧术语				

项目二 营业准备

若要让客人一进店就感受到一种干净、舒适、优雅的氛围，必须在营业前做好各项准备（从人员的准备到物品的准备）。

图 6-1 整洁的酒吧

基础知识

一、餐具及杯具清洁的消毒方法

餐具和杯具的消毒对保证顾客身心健康，防止病从口入，防止疾病传染具有极其重要的意义。凡是盛装直接进口食物、饮料的杯盘碗碟及所有小件餐具都要进行消毒。常用的餐具消毒方法有以下几种：

1. 煮沸消毒法

将已经洗净的餐具用筐装好，置于沸水中煮沸 20~30 分钟，然后将餐具分档分类存放在餐具柜内备用。一般瓷器餐具使用此法比较经济、简便易行。

2. 蒸汽消毒法

将已经洗净的餐具放入蒸笼或蒸柜中，盖严后打开蒸汽，待上汽蒸 15 分钟即可。此法操作简便，效果很好，适用于各种餐具、茶具、玻璃器皿的消毒。凡装有锅炉的餐厅均可采用。

3. 高锰酸钾溶液消毒法

将已经洗净的餐具放在 1‰高锰酸钾溶液中，浸泡 10 分钟即可。溶液必须现配现用才能起到消毒作用。当溶液紫红色变浅时，即需更换，重新配兑。此法一般用于不耐热的餐具的消毒，如玻璃器皿等。

4. 漂白粉溶液消毒法

将已经洗净的餐具放入漂白粉溶液中浸泡10分钟，再用清水冲净即可。用漂白粉精液的浓度为1%~2%，用漂白粉精片则每片（含氯0.2克）兑清水1千克。

无论使用哪种方法，消毒后的餐具最好都不要再用抹布去揩抹，以免再被污染。浓度不够的已用过的溶液，应及时更换；消毒时间一定要保证，否则会影响消毒效果。决不可滥用洗衣粉洗擦餐具，以免残留在餐具上的洗衣粉毒害人体。

二、餐具及杯具清洁的基本要求

酒吧的餐具主要包括瓷器类、玻璃器皿类和不锈钢类。在使用的过程中，不及时清洁或清洁不当都会产生各种各样的污渍，若不及时清洁不但会因卫生问题影响酒吧的声誉，而且还会缩短餐具和杯具的使用寿命。所以餐具和杯具的清洁都有一定的实操要求。

（一）瓷器餐具类

瓷器是酒吧中重要的用具，诸如碗、碟、盘、杯等。虽然它们品种繁多，名称不同，使用方法各异，但其清洁保养方法基本相同。瓷器规格型号庞杂，数量又大，因此在仓库或橱柜中存放时不要乱堆乱放，必须按照不同的种类、规格、型号分别存放。这样既便于清点管理，又便于拿取，而且还可避免因乱堆乱放造成的挤碎压裂现象。

搬运瓷器餐具时，要装稳托平，防止因倾倒碰撞而掉落打碎。餐后收拾餐具要大小分档，叠放有序。使用后的瓷器要及时清洗，不要残留油污、茶锈和食物。经洗碗机洗净消毒后的碗碟，须用专用的消毒抹布擦干水渍，然后分类分档存入橱柜，防止灰尘污染。

（二）玻璃器皿类

酒吧常用的玻璃器皿主要有水杯及各种酒杯。由于玻璃器皿容易破碎，在将玻璃器皿放入洗涤容器里洗涤消毒时，一次不要放得太多，以免互相挤压碰撞而破碎。

一般水杯、酒杯用后要先用冷水浸泡，除去酒味，然后用肥皂水洗刷，清水过净，蒸汽消毒，最后用消毒揩布擦干水渍，使之透明光亮。

图 6-2 玻璃杯清洁透明

揩擦玻璃器皿时，动作要轻，用力要得当，防止损坏酒杯。擦干后的玻璃杯要按品种、规格分档倒扣于盘格内。玻璃器皿切忌重压或碰撞，以防破裂。发现有损裂口的酒杯应及时捡出，以保证顾客安全。

（三）不锈钢器皿类

不锈钢餐具（如不锈钢餐刀、餐叉、餐更等）是酒店餐饮用品中的常见餐具。如果不注意不锈钢餐具的清洁保养，不仅会缩短餐具的使用寿命，还可能会对人体健康有害，因此不锈钢餐具的清洁保养是非常重要的问题。

图 6-3 不锈钢餐具

切勿用强碱性或强氧化性的化学药剂如小苏打、漂白粉、次氯酸钠等进行洗涤。因为这些物质都是强电解质，会与不锈钢起电化学反应，从而使餐具生锈。使用前可在餐具的表面涂上一层薄薄的植物油，然后在火上烘干，这就等于给器皿表面穿上了一层微黄的油膜“衣服”。这样，使用起来既容易清洗，又可以延长使用寿命。

不锈钢餐具较铁制品、铝制品导热系数低，传热时间慢，空烧会造成炊具表面镀铬层的老化、脱落。因此，切忌空烧。不可长时间盛放盐、酱油、醋、菜汤等，因为这些食品中含有很多电解质，如果长时间盛放，则不锈钢同样会像其他金属一样，与这些电解质起电化学反应，使有害的金属元素被溶解出来。这样不仅对餐具本身有伤害，而且还会损害人体的健康。

在使用不锈钢餐具后，立即用温水洗涤，以免油渍、酱油、醋、番茄汁等物质和餐具表面发生作用，导致不锈钢表面黯淡失色，甚至产生凹痕。如果出现水垢，可用食醋擦拭干净或者用石灰和水混合成的糊状物来擦拭不锈钢餐具上的污迹，然后再用热肥皂水清洗。

三、酒吧日常清洁卫生基本流程

（一）酒吧内的清洁工作

1. 酒吧台与工作台的清洁

酒吧台通常是大理石及硬木制成的，表面光滑。每天客人喝酒水时会弄脏或倒翻少量的酒水，从而使其表面形成点块状污迹。清洁时，先用湿毛巾擦拭后，再将清洁剂喷在表面擦抹，至污迹完全消失为止。清洁后要在酒吧台表面喷上蜡光剂以保护光滑面。工作台是不锈钢材料，表面可直接用清洁剂或肥皂粉擦洗，清洁后用干毛巾擦干即可。

2. 冰箱清洁

冰箱内常由于堆放罐装饮料和食物使底部形成油滑的尘积块，网隔层也会由于果汁和食物的翻倒形成污痕，3 天左右必须对冰箱彻底清洁一次，从底、壁到网隔层。先用湿布和清洁剂擦洗干净污迹，再用清水抹干净。

图 6–4 酒吧光线

3. 地面清洁

酒吧柜台内地面多用大理石或瓷砖铺砌。每日要多次用拖把擦洗地面。

4. 酒瓶与罐装饮料表面清洁

瓶装酒在散卖或调酒时，瓶上残留下的酒液会使酒瓶变得黏滑，特别是餐后甜酒，由于酒中含糖多，残留酒液会在瓶口结成硬颗粒状，要按规程擦干净。瓶装或罐装的汽水、啤酒饮料，则由于长途运输仓贮而表面积满灰尘，要用湿毛巾每日将瓶装酒及罐装饮料的表面擦干净，以符合食品卫生标准。

5. 杯、工具清洁

酒杯与工具的清洁与消毒要按照规程做，即使没有使用过的酒杯每天也要重新消毒。

酒吧柜台外的地方每日按照餐厅的清洁方法去做，有的饭店由公共区域清洁工或服务员做。

（二）营业时的卫生清洁

1. 调酒的卫生标准

在酒吧调酒一定要注意卫生标准。稀释果汁和调制饮料用的水都是冷开水，无冷开水时可用容器盛满冰块倒入开水。不能直接用自来水。调酒师要经常洗手，保持手部清洁。配制酒水时有时允许用手，如拿柠檬片、做装饰物。凡是过期、变质的酒水不准使用。腐烂变质的水果及食品也禁止使用。要特别留意新鲜果汁、鲜牛奶和稀释后果汁的保鲜期，天气热更容易变质。其他卫生标准可参看《中华人民共和国食品安全法》的有关规定。

2. 清理工作台

工作台是配制供应酒水的地方，位置很小，要注意经常性的清洁与整理。每次调制完酒水后，一定要把用完的酒水放回原来位置，不要堆放在工作台上，以免影响操作。斟酒时滴下或不小心倒在工作台上的酒水要及时抹掉。专用于清洁、抹手的湿毛巾要叠成整齐的方形，不要随手抓成一团。

3. 酒杯的清洗与补充

及时收取客人使用过的空杯，立即送清洗间清洗消毒。决不能等一群客人一起喝完后再收杯。清洗消毒后的酒杯，要马上取回酒吧备用。营业期间，要有专人不停地运送、补充酒杯。

4. 清理台面

调酒员要注意经常清理台面，及时将酒吧台上客人用过的空杯、吸管、杯垫收下来。一次性使用的吸管、杯垫扔到垃圾桶中，空杯送去清洗。台面要经常用湿毛巾抹，不能留有脏水痕迹。回收的空瓶放回筛中，其他的空罐与垃圾要轻放进垃圾桶内，并及时送去垃圾间，以免时间长产生异味。客人用的烟灰缸要经常更换，换下后要清洗干净，严格来说烟灰缸里的烟头不能超过两个。

（三）营业后的清理工作

营业时间到点后要等客人全部离开后，才能动手收拾酒吧。先把脏的酒杯全部收起送清洗间，必须等清洗消毒后全部取回酒吧才算完成一天的任务，酒杯不能到处乱放。垃圾桶倒空，清洗干净，否则第二天早上酒吧就会因垃圾发酵而充满异味。把所有陈列的酒水小心地取下放入柜中，散卖和调酒用过的酒要用湿毛巾把瓶口擦干净再放入柜中。水果装饰物要放回冰箱中保存并用保鲜纸封好。凡是开了罐的汽水、啤酒和其他易拉罐饮料（果汁除外）要全部处理掉，不能放到第二天再用。酒水收拾好后，酒水存放柜要上锁，防止失窃。酒吧台、工作台、水池要清洗一遍。酒吧台、工作台用湿毛巾擦抹，水池用洗洁精洗净，单据表格夹好后放入柜中。

实操任务

一、清洁酒吧

在酒吧经营过程中，吧台工作是最繁忙的。客人完成饮品的消费后，台面上一定会留下大量的杯具和餐具，酒吧服务人员应该及时收集，然后进行清洗，以保证酒吧出品的流转速度。此外，酒吧经营还要特别注意食品卫生安全，杯具和餐具的清洁消毒是非常重要的环节。

（1）清理吧台内外杂物和废弃包装物。

（2）使用干湿抹布将吧台及设备表面的尘灰抹拭干净，按从上到下、从左到右、从里到外顺序擦拭。

（3）准备好相关的酒水、辅料及服务物品，包括装饰盘、糖浆、酒水单等。整理吧柜、陈列架上的酒水，按规定位置摆好，商标朝外，倒放、竖放的酒瓶要放整齐。

图 6–5　准备装饰水果

（4）整理调酒用具，摆放整齐；整理酒台上的酒具，擦拭干净。

图 6-6 整理好酒台

（5）玻璃的酒品陈列架要每天清洁：

①首先准备好水盆、两条毛巾和混合棉质的餐口布。

图 6-7 清洁工具要分类

②调好清洁剂，玻璃清洁浓剂与水的比例为 1∶90，然后可以用喷洒壶或抹布将调好的清洁水喷到玻璃表面，然后使用干毛巾将玻璃表面抹干，最后使用餐口布将玻璃表面用力擦拭干净。

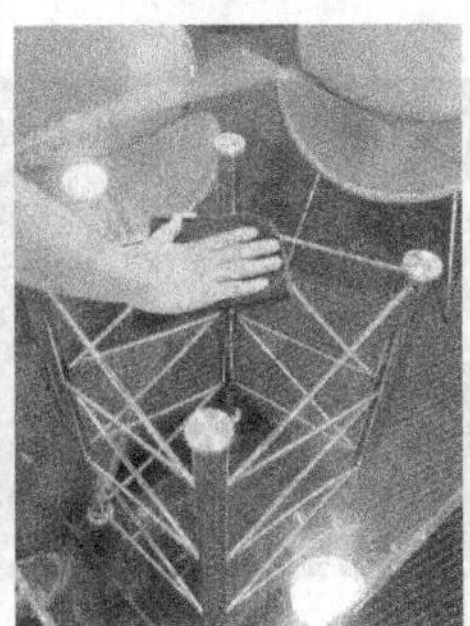
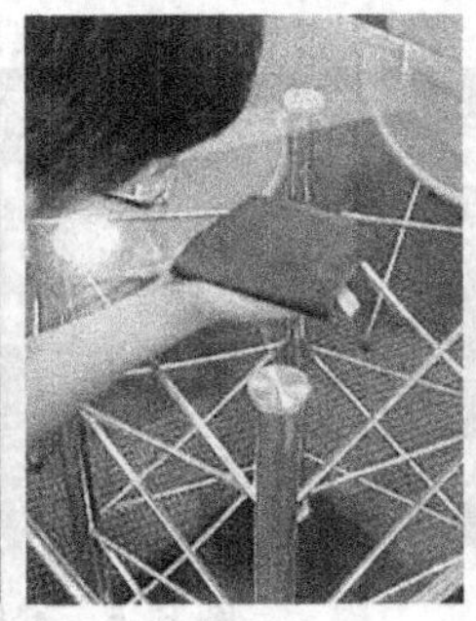

图 6-8 清洁酒品陈列架

小贴士

每次营业前工作人员应提前 2 个小时到酒吧，将吧台收拾得整洁干净，然后开门迎接客人。经营过程中，注意保持吧台上所有物品的有序摆放，这样可以保证调酒师在操作时能够在最短的时间内找到所需要的物品。不允许无关人员在营业时间随便进入吧台。

二、杯具及餐具消毒

营业前要对店内的酒杯及餐具进行清洁，必要时要重新洗刷和消毒。卫生干净的杯具和餐具，体现了酒吧对客人健康和服务的负责及用心。

（一）洗涤前的准备工作

（1）检查水池是否干净，储水是否正常。

（2）收集顾客用过的杯具。当服务员将收回的杯具放在吧台时，尽可能在最短时间内收回器皿；在回收时，尽量避免杯与杯之间发生碰撞，有顺序地摆在水池中；动作要做到快而不慌，忙而不乱。

（3）清理杯具中的杂物。

图 6–9 准备清洁杯具

（二）洗涤中的操作规范

（1）使用食用洗洁剂温水清洗。

（2）将洗净的杯具浸入漂白粉液约 15 分钟（比例：1 片兑 1 千克水）。

（3）准备两块清洁手巾：一块干的，用来把清洗沥干的酒杯揩干，另一块用来擦亮酒杯。

图 6-10　杯具的清洁工具

（三）洗涤后的消毒及保存

将洗净、沥干的杯具朝下放入周转箱，再将之放入蒸汽消毒箱内消毒约 20 分钟。将消毒后的杯具放入保洁箱。杯具周转箱使用前用漂白精片浸泡消毒。

使用时，将杯具从保洁箱取出放在吧台，做好营业用的准备。

图 6-11　杯具周转箱

图 6-12　杯子保洁箱

（四）擦拭和清洁玻璃杯具

（1）用冰桶或扎壶装入 50% 的开水，如果水变冷，需更换。

图 6-13　擦杯的工具

（2）用干擦拭布清理玻璃餐具。

（3）先用左手拿擦拭布左端抓住杯底，杯口朝下，正对蒸汽口，让杯中充满水蒸气。

（4）将擦拭布的另一端伸入杯底。

（5）右手的拇指放入杯内，手指留在杯外。

（6）按顺时针方向转动擦拭布。

图 6–14 将玻璃杯置于水蒸气中

图 6–15 擦拭玻璃杯

（7）在灯光下看看是否已经够光亮。

图 6–16 检查杯子的光亮度

（8）将擦干净的杯子杯口向下放在干净托盘内，挂回杯架上。

图 6–17 挂满酒杯的杯架

技能评价

实操项目	序号	内容	具体指标	评判结果			
				优	良	合格	不合格
清洁酒吧	1.1	开吧时的清洁	（1）吧台表面干净无污迹、无灰尘 （2）吧台准备物品充裕、整齐 （3）酒品陈列架清洁、无灰尘				
	1.2	营业中的吧台清洁	酒瓶外表无酒迹、无灰尘				
	1.3	打烊时的清洁	（1）吧台表面无水迹，干爽洁净 （2）酒水归类正确，正面酒标摆正向外				
杯具和餐具消毒	2.1	洗涤前的准备	（1）使用托盘收集用过的餐具和杯具 （2）杯具摆放有序				
	2.2	洗涤中	所有餐具内外都清洁干净，不残留污物				
	2.3	洗涤后	（1）杯具整齐有序地摆放在消毒箱中 （2）保洁箱中的餐具归类正确，方便取用				
	2.4	擦拭和清洁玻璃杯具	（1）物品准备齐全，摆放合理 （2）擦拭的力度适中，转动流畅 （3）擦拭的玻璃酒杯光亮清洁 （4）杯子在杯架上摆放整齐				

项目三 开门营业

客人来到酒吧，除了享受优雅、舒适的环境，更希望能获得热情、细心、贴心而周到的服务。这就要求酒吧服务员具有良好的服务素质、熟练的服务技能及丰富的酒水知识。

图 6–18 舒适的环境

基础知识

一、酒吧服务人员的素质要求

（一）仪容仪表要求

仪容仪表是人的精神面貌的表现，主要包括人的容貌修饰、个人卫生和着装，它们是个人形象的集中体现。

（1）仪容要求：头发整洁、发型大方，女服务员长发需要束起，男服务员头发前不过眉、侧不过耳、长不过衣领。女服务员要求淡妆，男服务员每天修脸、不留胡须。手保持清洁，不留长指甲、不涂指甲油；工作期间不戴项链、耳环、手镯，允许佩戴手表和结婚戒指。

（2）仪表要求：穿着统一制服，统一工鞋，上岗时佩戴服务胸卡。

（3）个人卫生：要特别注意个人卫生，保持身体清洁，无异味。

（二）语言、语调要求

语言是人们表达意愿、交流思想感情的交际工具。要求服务员主动热情、谈吐文雅、语调亲切、音量适度、语言清晰流畅。恰当地运用敬语、问候语、称呼语、应答语、尊姓服务等，向客人提供自然、体贴，甚至是个性化的有声服务。

（三）服务姿势要求

服务姿势包括站姿、走姿、手势、微笑等，酒吧服务姿势应有一定的规范性。

1. 站姿

酒吧要求服务员站立服务。站立时，双臂自然下垂，两手在背后交叉或双手在腹前相握或垂置于裤缝；站姿端正，挺胸收腹，目光平视。女服务员双脚呈V字形站立；男服务员站立时双脚并拢，中间有一拳间隔。站立时，切忌双手叉腰、抱在胸前或身体倚靠吧台、柜台或墙壁。

2. 走姿

酒吧内行走要求走直线，两脚的轨迹为一条线或两条紧邻的平行线，两脚之间的跨度为一个脚足距离。行走时目光平视、挺胸收腹，头正肩平、上身挺直，步履轻稳、面带微笑，手臂自然摆动，切忌摇头扭身、同行时搭肩搂腰。服务员通道行走靠右侧，迎客走在前、送客走在后，客过主动让道问候，同行不抢道。

3. 手势

酒吧服务中服务员常用到的手势有为客人引路、指示方向、撤换餐具、介绍酒水饮品等。

4. 微笑

微笑待客是酒吧服务人员对客服务中应该始终保持的姿势语言。微笑服务是尊重客人的体现，能带给客人愉快的用餐感受。

二、酒吧礼貌服务用语

酒吧礼貌服务用语分为问候礼貌服务用语、征询礼貌服务用语、感谢礼貌服务用语、道歉礼貌服务用语、答应礼貌服务用语、祝福礼貌服务用语、送别礼貌服务用语、其他礼貌服务用语等。

（1）问候礼貌服务用语：用于客人来到餐厅时，主要是迎宾人员使用。

（2）征询礼貌服务用语：服务人员征求客人意见时使用。

（3）感谢礼貌服务用语：服务人员为了感谢客人为其工作带来便利时使用。

（4）道歉礼貌服务用语：服务人员因打扰客人或给客人带来不便时使用。

（5）答应礼貌服务用语：服务人员回答客人的问题、应答客人的要求时使用。

（6）祝福礼貌服务用语：服务人员向客人表达美好祝愿时使用。

（7）送别礼貌服务用语：用于客人离开时。

（8）其他礼貌服务用语：如“请用”“请品尝”“请对我们的服务提宝贵意见”等其他礼貌服务用语。

三、酒吧对客接待服务的八条原则

第一条：先来的客人优先服务原则。客人来到酒吧后，应及时为客人提供服务，不能让客人久等。

第二条：尽量满足客人选择座位要求的原则。不过，为了提高服务的效率，在高峰期时，应安排人数少的客人到座位少的桌子前就座，人数多的客人到座位多的桌子前就座，不要浪费座位。

第三条：提升酒吧营业额原则。接待客人，提高服务品质、效率，以提高酒吧营业额。

第四条：举止美观而礼貌原则。在为客人指示座位的方向或为客人引路时，应当做到五指并拢。

第五条：为客人提供相对安静空间原则。当客人带有小孩时，应将座位安排在不会打扰其他客人的地方。

第六条：规范引领原则。带领客人到座位时，应走在领先客人两三步远的斜前方。步调适当，转弯与上、下台阶时回头并用手势提醒客人。

第七条：礼貌服务原则。“三轻”（走路轻、说话轻、操作轻）；“三不计较”（不计较宾客不美的语言、宾客急躁的态度、个别宾客无理的要求）；“四勤”（嘴勤、眼勤、腿勤、手勤）；“四不讲”（不讲粗话、脏话、讽刺话及与服务无关的话）；“五声”（客来有迎声、客问有答声、工作失误有道歉声、得到帮助有致谢声、客人走时有送声）；“六种礼貌用语”（问候用语、征求用语、致歉用语、致谢用语、尊称用语、道别用语）；“文明礼貌用语十一字”（请、您、您好、谢谢、对不起、再见）；“四种服务忌语”（蔑视语、否定语、顶撞语、烦躁语）。

第八条：微笑待客贯穿服务始终的原则。

四、酒水推销策略

酒水推销应掌握一定的方法，推销得法就能取得事半功倍的效果。每一个酒吧员工都是酒吧的推销员。

（一）演示推销

酒吧酒水的配置都是调酒师当着客人的面完成的。调酒师优美的动作，高超的技艺，在向客人展示其自信的同时，给客人一种可信赖感。酒品艳丽的色彩、诱人的味道、精美的装饰都刺激着人们对酒水的消费欲望。

图 6–19 推销酒水

（二）服务推销

（1）从客人需要出发推销饮品。

（2）从价格高的名牌饮品开始推销。

（3）推销酒吧的特饮或创新饮品。

（4）主动服务，制造销售机会。

图 6-20　直观可见的推销

（三）数字推销

网络时代，店家可以充分利用网络的强大功能，宣传和推广促销信息，增强顾客对酒吧的认同感。

五、酒水推销的原则

为了更好地赢得回头客，争取更好的酒水销售量，提高酒水销售额，应坚持以服务为基础，遵循以下酒水推销原则：

（1）以顾客为中心的原则。酒吧经营的一切服务活动都从消费者的角度出发，因此，酒吧服务必须坚持以顾客为中心的原则。

（2）体现人情的原则。现代人到酒吧消费，最主要的是求精神放松，宣泄一下情感，因此酒吧应营造适合客人的服务氛围，满足客人到酒吧的情感需求。

（3）灵活性原则。酒吧服务是一个动态过程。面对一些突发性事件，如客人醉酒等，酒吧服务员应采取随机应变的措施，协助客人处理妥当，照顾到客人的需求。

（4）效率性原则。酒吧的产品一般是即时生产，即时消费的。由于饮料本身的特征要求必须快速服务。因此，酒吧服务要高效率、高质量。

（5）安全性原则。第一，酒吧服务人员要保证酒水的质量和卫生安全；第二，要保证客人的隐私权得到安全保证和尊重；第三，保证客人在酒吧的消费过程中不受干扰和侵害。只有这样，才能保证酒吧可以维持一个稳定的客源市场。

实操任务

一、迎接客人

（一）热情问候

以规范的站姿，饱满的精神状态迎接宾客。客人到酒吧时，主动、热情、微笑着打招呼，并以敬语问候，如“中午好，晚上好，欢迎光临”等。而熟客则使用尊姓服务，使客人觉得有亲切感。

（二）主动带位

热情招呼后，应主动询问客人几位，第一次来的客人可以询问“先生、小姐，贵姓或怎么称呼”，然后以客人的姓氏或客人所说的名字称呼客人，主动给客人带位。引领时应走在客人前方1米左右，注意不断回头招呼客人，把握好与客人之间的距离，要有指示手势，并能根据情况提示客人注意台阶、路面情况等。

图6–21　主动引导

（三）领客入座

带领客人到合适的座位前，询问客人是否满意。单个的客人喜欢到酒吧台前的酒吧椅就座，两个或几个客人可领到沙发或小台。尊重客人的选择，先里后外。帮客人拉椅子，让客人入座。记住女士优先，然后是老人。如果客人需要等人，可选择能够看到门口的座位。

图 6-22　引领客人入座

二、下单服务

客人入座后，一般希望能尽快得到下一步的贴心服务，热情而周到地协助客人下单，令客人品尝到喜欢的酒水和食品，这是一个优秀的服务员应该努力而积极做到的。为客人点酒水时，一定要清楚客人所点的东西，不能出错；如果客人所点的酒水和食品不是很明确，应当即和客人确认。如有多位客人，应清晰地做好记录（以客人的座位顺序，或以其他明确特征排序），以便正确地服务于每一位客人。

（一）递上酒水单

客人落座后，酒吧员要及时、热情、有礼貌地向客人问好，同时递送酒水单给客人。先将酒水单打开至第一页，右手拿酒水单中间上端。站在客人右侧双手递送到客人手中，说道："这是酒水单，您请看看喜欢什么饮品？"不要直接将酒水单放到台面上。呈送酒水单时先递给女士，如果有几批客人同时到达，要先问好，再呈送上酒水单。若客人入座后正在交谈，可看准时机说"对不起，先生（小姐），请先看看酒水单"，然后递上或稍后递上酒水单。客人在看酒水单时，请静候客人看酒水单，等候客人下单。

图 6-23　递送酒水单

（二）请客人点酒水

递上酒水单后稍微等一会儿，或心中可默数十声，然后微笑着询问客人："对不起，先生／女士，我能开始为您点单吗？"或"请问，您喝点什么？"若客人犹豫不决，没有作出决定，此时可以为客人提供合理的建议或解释酒水单的内容；客人有咨询时，应热情、有礼貌地对答，并依据客人品饮喜好进行适当的介绍或推销；若客人仍在谈话或仔细看酒水单，站一边稍候。

图 6-24 认真记录

（三）填写酒水供应单

拿好酒水单和笔；等客人点了酒水后，要清晰地重复一遍酒水名称；客人确认了再填写正式的酒水供应单。供应单上写清楚座号、台号、服务员姓名、酒水饮料品种、数量及特别要求。若有多位客人，品饮种类应标注清楚，要封单（未写完的行格要用笔划掉），也要注意"女士优先"。酒水供应单填写必须清晰、准确、规范。

图 6-25 确认酒水

（四）迅速下单

酒水供应单一式三联，填好后及时、迅速地将一联交给吧台，一联交给收银员，一联自留。下单后，需及时查看单子操作情况，尽快根据酒水单为客人提供酒水和食品。

图 6-26 下单入机

三、收银服务

客人的酒水和食品已经确认上齐，并且可能不会再点新的酒水和食品时，酒吧员可以着手准备客人的账单，以便方便客人结账，避免客人结账时久等。客人的账单可以在桌前递上，也可以在吧台或收银台结算。不管递交方式如何，账单必须是干净、整洁的。注意识别客人的结账信号是服务员的必备素质。一般来说，在客人没有要求结账时不能出示账单。一般的付款方式主要有现金结账、信用卡结账、支票结账、签单结账四种。结账时要注意清点所有酒水、食品、香烟等，防止漏账现象的发生。酒吧员必须熟悉所有付款方式的结账手续。

（一）结账准备

给客人上完酒水后，酒吧员要到收银台核对账单。当客人要求结账时，请客人稍候，立即去收银台取账单，并检查账单上座号，酒水品种、数量是否正确，再用账单夹夹好，并确保账单夹打开时，账单正面朝向客人。注意：准备好结账用笔。

（二）递送账单

图 6-27 礼貌地递送账单

走到埋单的客人右侧，打开账单夹，右手持账单夹上端，左手轻托账单夹下端，递至客人面前，请客人看账单。注意不要让其他客人看到，并轻声说："先生 / 小姐，这是您的账单，请过目。"

（三）结账服务

1. 现金结账

客人付现金时，酒吧员有礼貌地在吧台前当面点清钱款，请客人稍候，将账单及现金送给收银员，核对收银员找回的零钱及账单上联是否正确；将账单上联、所找零钱及发票夹在账单夹内，返回站在客人右侧，打开账单夹，递送给客人，并轻声说："这是找您的零钱，请点清。"注意：向客人礼貌致谢。若客人要求到收银台结账，应礼貌地引领客人到收银台。

2. 信用卡结账

如客人用信用卡结账，首先确认该卡是否是本店接纳的卡，然后请客人稍候，将信用卡和账单送收银员处。收银员做好信用卡收据，酒吧员检查无误后，将收据、账单及信用卡夹在账单夹内，送回给客人，请客人在账单和信用卡收据上签字，并检查签字是否与信用卡上的一致。将账单第一页、信用卡收据中客人存根页及信用卡递还给客人，并真诚地感谢客人，其余卡单送回收银台。

3. 签单结账

如果是酒店的住店客人，酒吧服务员则有礼貌地请客人出示房卡，递上笔，示意客人写清房间号码（或合同单位、人名等）。客人签好账单后，将账单重新夹在账单夹内，并真诚感谢客人。迅速将账单送交至收银台，以查询客人的名字与房间号码是否相符。

（四）送客

客人结账离座时，应帮客人移开椅子让客人容易站起来。礼貌地送客人出门，面带微笑，热情地以“多谢惠顾、再见、晚安、欢迎再来”等礼貌用语道别。

图 6-28 帮客人拉开凳子

小案例

May 和朋友在某酒吧畅谈了 1 个多小时，非常开心。朋友接了一个电话后表示有事要迅速离开，May 决定同行，又担心忙碌的酒吧结账会耽误朋友的时间。谁知，在 May 表示结账后不到 20 秒，吧员就把结算好的账单拿过来，并迅速地为她们完成了账单的结付，并热情地欢送她们。

技能评价

实操项目	序号	内 容	具 体 指 标	评判结果			
				优	良	合格	不合格
迎接客人	1.1	热情问候	面带微笑，向客人问好				
	1.2	迎宾	（1）站姿规范，以饱满的精神状态微笑迎宾 （2）熟客应使用尊姓服务，使客人觉得有亲切感				

续表

实操项目	序号	内 容	具 体 指 标	评判结果			
				优	良	合格	不合格
迎接客人	1.3	领客人座	（1）带领客人到合适的座位，帮客人拉椅让客人入座 （2）注意女士优先，然后是老人				
下单服务	2.1	递酒水牌	（1）呈送酒水单时先递给女士 （2）打开第一页、双手递酒水单时，要求有声服务				
	2.2	点酒服务	（1）递上酒水单后稍微等一会儿，微笑地问客人是否可以点酒 （2）适当建议和推销饮品				
	2.3	填酒水单	（1）客人点了酒水后，服务员要复述酒水名称和数量，等客人确认再填写正式酒水单 （2）酒水供应单填写清晰、准确、规范				
	2.4	迅速下单	准确快速地在设备中输入客人消费的数目等，并将小票交给客人				
收银服务	3.1	结账服务	客人要求结账时，立即到收银处拿账单，检查账单上座号，酒水品种、数量是否正确，再用账单夹夹好，拿到客人右侧为客人结账				
	3.2	送客	礼貌送客，有声服务				

课后作业及活动

一、填空题

1. 调酒师资格认证初级调酒师即__________。

2. 初级吧师要求掌握__________种鸡尾酒的配方。

3. 吧师不仅要有丰富的酒水知识和高超的调酒技能，还必须具备较高的__________。

4.《调酒师职业资格证书》是用人单位考核持证人__________的重要参考依据。

5. 调酒师英语称为__________。

二、单项选择题（把选项填在括号内）

1. 调酒师资格认证职业等级 1 级即（　　）。

A. 高级技师调酒师　　B. 技师调酒师

C. 高级调酒师　　D. 中级调酒师

2. 调酒又分为传统的（　　）调酒和后起的花式调酒两类。

A. 法式　　B. 英式　　C. 美式　　D. 俄式

3. 花式调酒起源于（　　）。

A. 英国　　B. 法国　　C. 美国　　D. 德国

4. 调酒师是 20 世纪（　　）年代最早在合资饭店、宾馆里出现的。

A. 60　　B. 70　　C. 80　　D. 90

5.（　　）要求达到自创鸡尾酒和管理经营酒吧的水平。

A. 中级调酒师　　B. 高级调酒师

C. 技师调酒师　　D. 高级技师调酒师

三、判断题（对的在括号内打“√”，错的在括号内打“×”）

1. 吧师就是酒吧中擅长调酒技术的人。（　　）

2. 高级吧师要求掌握 40 种鸡尾酒的配方，培训时间 60 学时。（　　）

3. 拿到国家劳动和社会保障部颁发的“调酒师资格等级证书”的吧师就可以持证上岗。（　　）

4. 吧师技师和高级技师要求从事该行业 10~15 年以上，或在该行业有突出贡献者方可获得通过。（　　）

5. 吧师被称作酒店的“灵魂”。（　　）

参考文献

［1］徐利国．调酒知识与酒吧服务实训教程［M］．北京：高等教育出版社，2010.

［2］张粤华．咖啡调制［M］．重庆：重庆大学出版社，2013.

［3］谢馨仪．精酿啤酒赏味志［M］．北京：光明日报出版社，2014.

［4］田口护．咖啡品鉴大全［M］．沈阳：辽宁科学技术出版社，2009.

［5］季明，钟立荣．咖啡［M］．北京：外文出版社，2011.

［6］麦毅菁，夏薇．餐厅服务［M］．重庆：重庆大学出版社，2012.

［7］夏薇．葡萄酒基础知识教程［M］．重庆：重庆大学出版社，2012.

［8］徐利国．酒吧服务［M］．重庆：重庆大学出版社，2013.

［9］陈映群．调酒艺术技能实训［M］．北京：机械工业出版社，2008.

［10］徐利国．酒水调制与酒吧服务实训教程［M］．北京：科学出版社，2008.

［11］贺正柏．菜点酒水知识［M］．北京：旅游教育出版社，2009.

［12］邹舟．酒吧经营管理之道［M］．北京：中国宇航出版社，2008.

［13］蔡洪胜．酒吧服务技能与实训［M］．北京：清华大学出版社，2012.

［14］费寅．酒水知识与调酒技术［M］．北京：机械工业出版社，2010.

模块练习答案

模块一　练习答案

一、填空题

1. 酒文化与环境文化
2. 吧台区
3. 繁华大都市的崛起
4. 主题活动区
5. 砧板、酒吧刀、装饰叉、削皮刀

二、单项选择题

1. B　2. D　3. A　4. D　5. C

三、判断题

1. √　2. ×　3. ×　4. √　5. √　6. √　7. √

模块二　练习答案

一、填空题

1. 法国、意大利、西班牙
2. 750 毫升
3. 红葡萄酒、白葡萄酒、桃红葡萄酒
4. 12~18 度、10~15 度
5. 白兰地、威士忌、金酒、伏特加、朗姆酒、特基拉酒
6. 三星、VSOP、NAPOLEON
7. 清爽、杜松子
8. 发芽、制浆、发酵、40
9. 苏格兰高地（Highland）、苏格兰低地（Lowland）、坎贝尔敦（Campbeltown）、艾莱岛（Islay）
10. 51%、40~62.5 度
11. “Veda”、“水”或“可爱的水”

12. 无色无味；口味烈，劲大刺鼻
13. 甘蔗汁或糖浆、加勒比海地区的西印度群岛
14. 龙舌兰

二、不定项选择题

1. D　2. D　3. D　4. CD　5. BCD　6. AD　7. A

三、实验题

1. 可从酒标的设计风格、法律意义、葡萄品种等方面进行阐述。

2. 左边的酒标解读：1 是酒的品牌，2 是酒的产区，3 是酒的等级，4 是酒的年份，5 是生产商名称。

右边的酒标解读：1 是酒的品牌也是生产商的名称，2 是葡萄品种，3 是产地，4 是一些广告介绍，5 是珍酿，无法律意义。

模块三　练习答案

一、填空题

1. 基酒、辅料、配料和装饰物
2. 坚硬，不容易融化
3. 金酒、伏特加、威士忌、白兰地、朗姆酒和特基拉酒

二、选择题

1. ×　2. ×　3. √　4. ×　5. √　6. √　7. ×　8. √　9. ×　10. ×
11. ×　12. √　13. √　14. ×　15. √　16. ×　17. √　18. √　19. ×
20. √　21. ×　22. √

三、选择题

1. C　2. B　3. D　4. C　5. B　6. C　7. C　8. C　9. B　10. C

四、案例分析

作为调酒员必须严格按操作要求和服务标准进行操作，决不能随意为之。从严格管理的角度来说，酒吧内的酒水每多给客人 1 毫升，酒店就会损失 1 毫升的酒水收入；同样，少给客人，就意味着对客人的不尊重，甚至会导致客人的投诉。

模块四　练习答案

一、填空题

1. 大麦、啤酒花、水、酵母

2. 鲜榨果汁、瓶（罐）装果汁、浓缩果汁，浓缩果汁

二、选择题

1. B 2. C 3. B 4. A 5. C 6. A

三、判断题

1. × 2. × 3. × 4. √

模块五 练习答案

一、填空题

1. 意式浓缩咖啡
2. 6. 5 ± 1. 58、90 ± 5、9 ± 2、30 ± 5
3. 咖啡油脂或克立玛
4. 深红色
5. 酸味、甜味、苦味
6. 全脂牛奶
7. 意式浓缩咖啡、牛奶、奶泡
8. 65℃
9. 拿铁咖啡

二、选择题

1. C 2. A 3. C 4. B 5. A 6. C 7. B 8. B

三、判断题

1. × 2. √ 3. × 4. × 5. √ 6. √ 7. √ 8. √

模块六 练习答案

一、填空题

1. 职业等级 5 级
2. 20
3. 综合素质
4. 资格能力
5. bartender 或 barman

二、选择题

1. A 2. B 3. C 4. C 5. C

三、判断题

1. √ 2. × 3. √ 4. √ 5. ×